犬のこころ

犬のカウンセラーが出会った11の感動実話

三浦健太

角川文庫
19030

まえがき

犬を飼い始めると、愛犬にいろいろ教えたくなるものです。しつけにばかり気がいきがちです。しかし、長いこと犬と共に暮らしてみると、愛犬に教えられることのほうが多いと気がつきます。わたしは犬のしつけ教室を始めてから、もう22年になりますが、犬からいろいろなことを教わりました。

わたしが犬を飼い始めたのは、実は30代になってからです。小学校に入るちょっと前に、スピッツという白い小型犬を飼っていた記憶はありますが、朝も、昼も、夜も、キャンキャンとよく吠《ほ》えていたということくらいしか覚えていません。それからしばらく、特に犬との接点はありませんでした。

ある日、ふと大型犬を飼いたいと思ったわたしは、ペットショップを訪ねました。たいした予備知識もなく、店員さんに「盲導犬にも採用されている頭の良い、おとなしい犬ですよ」と説明され、ラブラドールレトリバーという犬をほぼ即決で買いました。

しかし、それからというものわたしの生活は悲惨を極め、後悔の毎日でした。居間のテーブルの脚は4本ともかじられてやせ細り、今にも折れそうになりました。居心地の良かったお気に入りのソファは真ん中がえぐり取られて綿がむきだしになり、長らく廃墟《はいきょ》に置かれていた家具のようになりました。たまに留守番をさせれば、つないでいた部屋中にウンチが飛び散り、すさまじい臭いが充満しました。

なんとかしなければと、近くの訓練所を訪ねました。いかにも強面の所長さんは、何頭もの名犬を育てた有名な訓練士さんでした。訓練所に3ヶ月ほど預け、しつけをしてもらうことにして、家に帰りました。しばらくは、久しぶりに落ち着いて食事が出来ました。妻と一緒に外出も楽しめるようになりました。

1ヶ月が経ち、授業参観のようなつもりで訓練所を訪ねてみました。すると驚いたことに、あの乱暴者が、「オスワリ」も「マテ」も出来るようになっていました。久しぶりに見た愛犬の第一印象は、「スゴイ！」の一言でした。ただ、子犬の時のクルクルとした可愛い目つきはもうありませんでした。ちょっと寂しい気もしたのですが、大人になったのかなと思っていました。

ところが5分ほどの実演が終わり、犬舎に戻る時でした。愛犬は、わたしたちのほうを悲しい目つきで見ながら、「クゥーン」と一声鳴きました。そして、犬舎に戻そうとする助手の人の手に怯《おび》え、悲鳴に近い声をあげながら、必死にわたしたちの元に戻ろうとしていました。それを見た訓練士さんは、「コラッ！」と威圧的な声を出しました。その大きな声に愛犬は、ビクッとし、震えだしました。

その瞬間に、わたしはこの1ヶ月にあったすべてのことが分かりました。愛犬に対して「すまない」という気持ちでいっぱいになりました。訓練士さんに違約金を払う約束をして、その日のうちに愛犬を連れて帰りました。家についてからは、夜中まで愛犬を抱き、ずっと「ごめんね、ごめんね」と言い続けていました。

それからは愛犬のしつけを人に任せるのは止めました。その代わりに本屋さんにある犬のしつけの本を片っ端から読みあさりました。しかし数十冊の本を読みましたが、心から納得できる本はありませんでした。どの本も、訓練の仕方や道具の使い方は詳しく書かれているのですが、日々の暮らし方や心の伝え方は書かれていませんでした。

わたしとしては、「オスワリ」や「マテ」が出来なくても、人を怖がったり、無用な警戒心を抱いたりせず、他の犬と喧嘩《けんか》もせず、なんとなくお互いの気持ちが分かり合える、そんな犬になって欲しいと思っていました。

結局、自分なりに工夫して愛犬のしつけを始めることにしました。車の中でおとなしくしていられる方法、初めての場所に行った時にも落ち着いていられる方法、公園で突然猫や犬が飛び出してきても驚いたり、追いかけたりしない方法……試行錯誤しながら、自分なりの犬のしつけ方を考えていきました。

時間はかかりましたが、どうにか人前に出しても恥ずかしくない犬に育ちました。すると友人から「どうやって、そのしつけを教えたの？　みんなに伝えてあげたら」と勧められるようになりました。そこで愛犬家同士で集まって、愛犬との暮らし方を教えあうという趣旨の交流会を開催することにしました。交流会には、当初の予定の倍の応募がありました。皆、わたしと同じように「訓練」よりも「暮らし方や心のつながり」を求めていたのです。

「ワンワンパーティ」と名づけたその交流会は、３００回を超えるまでになりました。２００１年には、「ワンワンパーティクラブ」はＮＰＯ法人となり、やがては、西武《せいぶ》ドームや東京ドームでイベントを開催できるほどに成長しました。

これまで数万人の飼い主さんと数万頭の犬に出会ってきました。いろいろな犬がいて、いろいろな個性があり、いろいろな暮らしがあることを知りました。はじめての経験から、とまどうこともたくさんありましたが、そのたびに新たな創意と工夫で解決方法を探し、実践して、確信する毎日を続けてきました。

いつしかそれはわたしの本業となっていました。現在では、多くの飼い主さんやペット関連企業などに呼ばれ、1年の3分の1を犬のイベントやセミナーで過ごしています。獣医師の専門学校で教壇に立つこともあれば、たくさんの公園管理者や動物愛護関係者の前で話す機会も増えました。

しかし、わたしにとっての最良の先生は、最初に飼った愛犬と、今までに出会った多くの犬と飼い主さんたちであったとずっと思っています。

角川書店の亀井史夫さんから、「これまでに出会ったたくさんのワンちゃんの中から、思い出深いワンちゃんの話を書いてみませんか」と、勧められた時、正直、一瞬迷いました。

愛犬にまつわる苦労話や感動的なエピソードは、飼い主さんは大事に自分の心にしまっておきたいものです。外から見ていたわたしが、そのことを本にして良いのかどうか、分かりませんでした。ただ、この本に出てくるエピソードは、多くの家庭でも起きていることかもしれないとも思いました。しつけや訓練だけが重要なのではありません。犬そのものをもっと知ってほしい。そのためには良い機会かも知れないと思うようになりました。

そして、亀井さんと相談しながら、思い出の中から、記憶に残る11のエピソードを書いてみました。それぞれの飼い主さんに愛犬との大事な思い出をそっと持ち続けて欲しいという思いから、あえて人名、犬の名前、犬種、場所などは仮名としました。しかし、起きた事実、そこで感じた気持ちは、実際のままです。いわば、セミ・ノンフィクションというところでしょうか。

本書を読んで、「犬って、そうなんだぁ」と感じていただくだけでも、書いた価値は十分にあったと思っています。ぜひ、この身近で素晴らしい生き物である犬をより知っていただきたい。そして、犬とふれあうことで、人としても、真の愛情や本当の思いやり、心の優しさなどを育んでいただければ、著者としてこれ以上の幸せはありません。

目次

第1話　はじめてのバイバイ

静岡県の伊豆《いず》半島に伊東《いとう》という有名な温泉地があります。その温泉街近くの公園に、たくさんの犬と飼い主さんが集まりました。難病をもつ子どもたちとその家族のためにイベントが催されたのです。主催したのは難病の家族を支える財団で、多くのボランティアと看護師の方が参加し、50組ぐらいの難病と闘う家族が招待されました。

難病の子どもをもつ家族は、365日、気を抜くことが出来ません。そんな家族にひと時の休暇を与えようと企画されたイベントです。子どもをボランティアの医師と看護師に預けて、その間に温泉に入ってもらおうという趣旨でした。家族がつかの間の温泉を楽しんでいる間に、その子どもたちは犬とのふれあいを楽しむのです。参加した人と犬たちも、もちろんみなボランティアでした。

ふれあい会が始まる前に、付き添いの医師から犬の飼い主さんたちへ説明がありました。

「今日はわざわざ難病の子どもたちと犬のふれあい会にご参加いただき、大変ありがとうございます。今日、ご招待しているのは、難病の子どもたちとそのご家族です。手の先しか動かず、昼夜車いすで生活をしている子どももいます。心の病から、笑ったり泣いたりしたことがない子どももいます。10歳になっても言葉を発しない子どももいます。そんな子どもたちを支えるご家族の苦労は大変なものです。しかし、だからこそ、そんな子どもたちにぜひ、犬とのふれあいを体験させたいと思い、今日の会を催しました」

参加した犬の飼い主さんたちは、自分の犬が少しでも役に立てばという気持ちで、医師の話に真剣に耳を傾け、これから始まるふれあい会を待っていました。

説明の後に、医師は付け加えました。

「中には少し乱暴な子どももいます。うまく自分の気持ちを表現出来ないため、いつもイライラしている子どももいます。好きな相手であれば優しくするのが普通なのですが、実際には突然大きな声をだしたり、相手を叩《たた》いたりしてしまう子どももいます。もし、みなさんの犬が嫌がったり、危険と思われた時は、すぐに止めていただいてかまいません」

その後、50人の子どもと50頭ほどの犬のふれあい会が始まりました。

車いすの子どもや看護師さんに抱かれた子どもの近くを、たくさんの犬が順番に回りました。ほとんどの子は、言葉にならない言葉を発しながらも、新鮮な出会いを楽しんでいるようでした。

その中に1人だけ、飼い主さんたちを明らかに避けている子がいました。付き添いの看護師さんも、近づいてくる犬とその子の距離を保ち、手が届かない位置で見ているだけでした。

神奈川県から参加した塚本《つかもと》さんは、犬に触らせないようにしている看護師さんの姿が気になり、尋ねてみました。

「どうして、ワンちゃんに触らせないのですか？」

看護師さんは、少し困った様子でしたが、笑顔を絶やさず、すまなそうに言いました。

「この子は、誰かが近づくと、すぐに叩きはじめるんです。関心があればあるほど、いつまでも叩き続けるんです。ワンちゃんも嫌がると思うので……」

しかし塚本さんには自信がありました。塚本さんの愛犬である大型のラブラドールは、エルという名前で3歳の女の子です。参加した50組の犬のほとんどは小型犬でしたが、エルは体重が30キロほどもある立派な犬だったのです。

「じゃあ、うちの犬なら大丈夫ですよ。大きいですから。子どもさんが叩くぐらいならたいして気にしないと思いますよ」

そう言ってそばにいたエルを前に出しました。

看護師さんは、それでも不安そうに言いました。

「でも……この子の場合は……そんな優しい叩き方じゃないんです。相当、激しいし、しつこいんです。この子には触らせなくてもいいですよ」

塚本さんは、ますますなんとかしてあげたいと思いました。

「大丈夫ですよ。この犬も相当タフですし、相当しつこい性格ですから」

塚本さんの笑顔の押しに負けて、看護師さんは、こわごわ車いすに乗っていた子どもを芝生の上に下ろしました。

「じゃあ、せっかくですので、ちょっとだけお願いします。危険だと思ったら、すぐに止めていただいてかまいませんから」

その子の名前はケンちゃんと言いました。重い自閉症らしく、笑ったり泣いたりすることもなく、終始無表情でした。

塚本さんは芝生に座ったケンちゃんのすぐ横にエルを伏せさせました。ケンちゃんは芝生に座ったまま、隣の犬には目もくれず、はるか彼方《かなた》を見ています。エルの顔をチラッと見ようともしません。エルも体が触れるか触れないかという位置でジッと目をつむって伏せています。

そのまま10分ほど時間が経ちました。付き添いの看護師さんも、塚本さんも「犬にはまったく興味がないのかな」と、思い始めていた時でした。

突然、ケンちゃんは悲鳴にも似た大きな声を上げながら、手を激しく振り上げました。

「バン！　バン！」

叫びながら、エルの背中を片手で叩き始めたのです。

顔はまだ遠くを眺めたままで、エルの顔は見ず、そっぽを向いたまま片手で叩いています。看護師さんが言っていたように、かなりの強さで叩いています。子どもとはいえ、手加減なしです。

エルは、ジッとしています。目をつぶってひたすら耐えています。たまに手がどこかに強く当たると、ビクッとします。それでも、目を開けず、声もださず、何事もないように目を閉じて動かずにいます。

そのうちにケンちゃんの叩き方がより強くなりました。

「バンバンバンバン！」

速いテンポで叩き続けます。まるで和太鼓のショーのように力一杯叩き始めました。

だんだん興奮してきたのか、「ウー、ウー」と、言葉にならない声も発し始めました。

看護師さんは心配になり、エルを引き離そうとしました。

「もう、いいですよ。ワンちゃん、かわいそうですから」

しかし塚本さんは言いました。

「まだ、大丈夫ですよ。もう少し、このままエルに任せてみましょう」

結局、ケンちゃんの太鼓ショーは、その後30分ほど続きました。

その間、エルは、たまにピクッとするものの、あとは目を閉じたままジッと耐えていました。嫌がりもせず、その場から逃げようともしません。ただ、そこにいることが自分の使命のように、静かに耐えていました。

ちょうど、そこに温泉を出たケンちゃんのお母さんが帰って来ました。

叩き続けているケンちゃんと、その横でひたすら耐えているエルを見て驚きました。

「あら、大変！ワンちゃんがかわいそう、すぐに止めさせますから……」

でも塚本さんは、すぐに言いました。

「あっ、そのままで、そのままで。大丈夫ですから。もう少し様子を見ましょう」

「は、はぁ」

お母さんは、言われるがままに引き離すのをやめました。

その時でした。

お母さんが、稲妻に打たれたようにビックリした顔をして叫びました。

「あっ、あっ、あーっ」

あまりの驚きように、塚本さんもなにが起きたのか分かりません。

「どうしましたか？　なんか、まずいことがありましたか？」

お母さんは、動転しています。

「顔が、顔が……」

ケンちゃんをただただ、指さしています。

塚本さんにはまったく訳が分かりません。

「涙が……涙が……」

言われて見ると、さっきまでは気がつかなかったのですが、ケンちゃんの目尻《めじり》から少しだけ涙が流れていました。

「はじめて、はじめてなんです。この子が泣くのを見たの……」

それだけ言うと、お母さんは絶句したまま、今にも泣きだしそうな顔をして立ち尽くしました。

お母さんの話では、ケンちゃんは生まれてから、泣いたことも、笑ったこともなかったそうです。言葉らしい言葉を発したこともなく、もちろんママやパパと言ったこともないとのことでした。


「バンバンバン！」


ケンちゃんは、まだまだ大きな声を発しながら、叩《たた》き続けています。エルは、ひたすら目をつぶって動きません。

それから10分ほど、そのままの状態が続きました。お母さんは驚いた表情のままでした。ケンちゃんはひたすら叩き続け、エルはじっと寝ています。


その後、さらに驚くことが起きました。

ひたすらエルの背中を叩いていたケンちゃんが、突然、叩くのを止め、エルの背中に抱きついたのです。

大きなエルの背中の毛の感触を自分のほっぺたで確かめるように、ほおずりし、一緒に寝始めました。今まで叩いていた手でエルの胴を抱きしめ、まるで恋人のように頬を背中にあてています。さきほど以上に目からは涙が流れています。そして、わずかにですが、顔がほほえんでいるようにも見えます。ウーウーという声に変わりはありませんが、その声にはさきほどとは違う優しさが感じ取れます。

お母さんは、信じられない光景を目の当たりにして、言葉にすることができませんでした。口を押さえて、嗚咽《おえつ》をこらえ、ひたすら我が子とエルの幸せそうなふれあいを、瞬きもせず見つめています。


ケンちゃんとエルは、抱き合ったままいつまでも離れようとしませんでした。

30分ほど経過したでしょうか。閉会の時間が来て、そろそろお別れの合図が主催者から出ました。

呆然《ぼうぜん》としていたお母さんもやっと我に返り、「ありがとうございました。もう、結構ですから」と、ケンちゃんを抱きかかえようとしました。

すると、エルの背中から引き離されたとたんに、ケンちゃんは暴れだしたのです。

「わぁ――、わぁ――、ぎゃあ――、ぎゃあ――」

悲鳴をあげて泣き叫びはじめました。目から大粒の涙があふれています。まるで引き離される親子のようでもあります。ケンちゃんを背中から抱いて引き離そうとしているお母さんも泣いています。

ケンちゃんはお母さんに抱かれたまま、両手をエルの方にのばし、必死に近づこうと暴れています。お母さんと看護師さんの2人がかりで、ケンちゃんをなだめて引き離しました。塚本さんも泣く泣くエルをケンちゃんから離しました。

引き離されてもケンちゃんは叫び続けました。エルの姿が見えなくなってしばらくして、ようやくケンちゃんの大暴れは収まったようでした。

その後、主催者からひと通りのお礼の言葉があり、2時間ほどのふれあい会は終了になりました。

会場をあとにして、エルを連れて公園の隣の駐車場に向かった塚本さんは、かすかな声を聞いたような気がしました。海からの風にまぎれて、よく聞こえませんでしたが、誰かがたどたどしい言葉にならないような言葉で話しかけているような気がしたのです。

公園の方を振り返った塚本さんが見たのは、車いすに乗って手を小さく振るケンちゃんでした。

その口は、何かを言っていました。

「ばぁ、ばぁ」

小さな声でしたが、塚本さんには分かりました。

それは、生まれてはじめてケンちゃんが発した言葉だったのです。

「ばぁ、ばぁ」

ケンちゃんは「バイ、バイ」と、一生懸命言っていたのです。

エルは一度も吠《ほ》えることなく、ケンちゃんの言葉にならない言葉をひたすら聞き、ジッと耐えることで、ケンちゃんの心を見事に開かせたのでした。

第2話　おじいさんの犬

わたしは22年間にわたって、いろいろな飼い主さんの悩みを聞き、お困りの行動を直したり、アドバイスをしたりしてきました。正確には数えていませんが、その数は数千頭か、ひょっとしたら数万頭かもしれません。

ただ、どうしても直せなかった犬と、直したくなかった犬が何頭かはいます。ゴールデンレトリバーのボブもその1頭です。

ボブは、もともとはおとなしくて甘えん坊の何の問題もない犬でした。ボブはペットショップで売られていました。買ったのは、70歳のおじいさんでした。おじいさんは、2年前に最愛の奥さんを亡くし、ずっと落ち込んでいましたが、たまたまペットショップで見かけたゴールデンの可愛さに一目惚《ぼ》れして、その日のうちに連れて帰りました。

おじいさんの家は、1階におじいさん、2階には息子夫婦と中学生の孫が1人住んでいる2世帯住宅でした。ゴールデンレトリバーという大型犬を飼うことに、息子夫婦は猛反対でした。息子夫婦は口を揃えて言いました。

「そんな大きくなる犬を老人が飼うのは無理です。すぐにペットショップに返してきてください」

中学生の孫娘も犬が大の苦手らしく、猛反対でした。

「おじいちゃん、絶対に犬なんて飼わないで」

しかし、おじいさんの決意は固いものでした。

「わしが1人で面倒を見る。誰にも迷惑はかけない」

そう約束し、そのまま飼い始めました。本当にその日からおじいさんは、子犬の面倒をすべて自分1人で見ました。1階の庭の見える畳の部屋で、ボブはいつもおじいさんと一緒でした。


朝は一緒に起きて、散歩に出かけます。1時間ぐらいかけて、町内をゆっくり歩きます。帰ってきてから一緒に食事をし、一緒に庭の手入れをし、午後は一緒に昼寝をし、夕方にまた1時間の散歩。近くのスーパーへ買い物に行くときも一緒でした。夜は、一緒にテレビを見て、それから一緒に布団に入ります。トイレのしつけもすぐに覚えました。散歩でおじいさんを引っ張ることもありませんでした。咬《か》むことも無駄に吠《ほ》えることもなく、近所でも評判の良い犬に育っていきました。

なにか問題が起きそうになると、おじいさんはじっくり時間をかけて、ボブに頼むように言い聞かせ続けました。一度だけ、ボブが散歩の途中に落ちていたゴミを食べたことがありました。おじいさんは家に帰ってから、3時間ぐらいずっとそのことをボブに話しました。

「落ちている物を食べることはとても危険なんだよ。ボブが病気になったらわしはどんなに悲しいか……」

まるで人に話すようにえんえんと話し続けました。すると不思議なことに、ボブは次の日から落ちている物には見向きもしないようになりました。

ボブが一番好きなのは、暖かい午後のひと時、庭に面した縁側で、おじいさんがお茶をすすりながらのんびりと昔の話をしてくれる時間でした。そんな時、ボブはおじいさんの横で伏せて耳を立てて聞きます。時には、おじいさんの膝《ひざ》の上に頭を置いて聞くこともありました。

おじいさんが懐かしそうに話す昔の話には、よくおばあさんが出てきました。ボブはおばあさんに会ったことはありませんが、すぐそこにおばあさんがいるような気持ちでした。おじいさんも黙ってずっと聞いてくれるボブに対し、えんえんと楽しかったおばあさんとの暮らしの話を続けました。陽だまりの中のその時間は、ボブとおじいさんにとって、とても大切なものでした。

しかし、幸せな暮らしは3年間しか続きませんでした。ちょうどボブが3歳の誕生日を迎える直前の日でした。いつものように縁側でボブに話をしていたおじいさんが、突然、胸を押さえて倒れました。

急性の心臓病でした。倒れてから24時間の命でした。ボブには何がなんだかわかりませんでした。家中がバタバタ大騒ぎをしていましたが、その中におじいさんの姿だけがありませんでした。

その日から、ボブがおじいさんを見かけることはなくなりました。

おじいさんが見えなくなってから数日は、家中が大騒ぎでした。お通夜やお葬式で、たくさんの人が出入りしました。遺体は1階のおじいさんの部屋に置かれていましたから、参列者のためにボブは、部屋から出されて庭につながれました。

数日間は、ご飯だけは息子夫婦が持ってきてくれましたが、散歩には誰も連れて行ってくれませんでした。その後も、おじいさんの部屋には入れてもらえませんでした。庭につながれた2~3メートルのロープの範囲だけがボブが歩ける空間でした。ウンチは1週間に1回だけ、家族の誰かがスコップで嫌々文句を言いながら片付けていました。ボブは、昼間はおじいさんと過ごした縁側の上で過ごし、夜は縁側の下で寝ました。

一度だけ、奥さんが散歩に連れて行ってくれたことがあります。ひさしぶりの外出で嬉《うれ》しかったボブは、とても喜んで走り出しました。そのはずみに奥さんは引っ張られて転び、膝と肘《ひじ》をすりむいてしまいました。ひさしぶりの散歩は1分で終わり、その後は1回も外出する機会はありませんでした。

おじいさんが亡くなってから、6ヶ月が経ち、家族は自宅の模様替えを計画しました。主《あるじ》のいなくなった1階を改装して、広い居間にし、2階は高校に進学した娘のためにと考えました。建築会社の人が来て、家の測量を始めました。

その時です。建築会社の人が縁側に近づくと、今までおとなしかったボブがはじめてウーと低い声で唸《うな》りました。建築会社の人はびっくりして家族に頼みました。

「すみません。この犬をどけてもらえませんか」

たまたま近くにいた娘さんが、ボブのつながれていたリードに手をかけ、縁側からどかせようとした瞬間、事件が起きました。いきなりボブが娘さんに咬みついたのです。

「キャーッ」と叫んで倒れた娘さんの手は血だらけでした。すぐに病院に運ばれましたが、8針も縫う大けがでした。リードが離されたあともボブは縁側から離れようとしませんでした。

その事件があってから、家族の誰が近づいてもボブは牙《きば》をむきだし怒るようになりました。ご飯の時も、家族はそっと近づき口が届くギリギリの所に容器を置いて、立ち去るようになりました。家の改修計画はやむなく中断され、それから3ヶ月は、そのままの暮らしが続きました。

悩んだ家族は、犬のしつけの本を読みあさり、どうしたら犬と仲良くなれるか、どう扱えばいいかを勉強しました。時には、近くの訓練士の先生に話を聞きに行き、大型犬とのつきあい方を習いました。

おかげで徐々にボブに近づくことも出来るようになり、半年後には散歩にも連れて行けるようになりました。ボブもむやみにリードを引っ張ることもなくなり、家族の指示するオスワリやマテもだんだんと出来るようになりました。

しかし、その半年後に2度目の事件が起きました。もう十分、仲良くなって咬まれることもなくなったと安心しはじめた矢先、今度は奥さんが咬まれたのです。

たいてい午後は、ボブは縁側で過ごします。夕方になると庭に下り、散歩を待ちます。その日は、たまたま夕方から用事があったために午後のうちに散歩を終わらせておこうと奥さんは思いました。

縁側にいたボブを奥さんが散歩に連れ出そうとした時に、突然ボブが咬んだのです。幸いにも奥さんの傷は浅く、縫うほどではなかったのですが、その日は夜まで興奮したボブに誰も近づけませんでした。

電話があり、わたしが出かけていったのは、その事件から3日目のことでした。わたしは、これまでのボブとおじいさんのこと、その後の暮らし、そして以前に娘さんが咬まれた時の話、今回の奥さんの事件についてすべて聞きました。

ご主人は最後に言いました。

「ボブを手放す気はありません。今では全員がボブのことを愛しているのです。ただ、たまに咬むことだけをやめさせたい。それだけなんです」

ご主人の話を聞いて、わたしは1日かけてボブと過ごしてみることにしました。ボブの1日を見てみたいと思ったからです。

ボブは普通のゴールデンらしい犬でした。普通に家族に可愛がられ、普通に散歩し、普通にご飯を食べていました。しかし、よくよく観察していると、散歩の時も、食事の時も、特別嬉しそうな顔はしないことに気がつきました。普通の犬であれば、ご飯や散歩、家族が帰ってきた時などに最も嬉しそうな顔をするものです。

ボブが1日のうちで一番嬉しそうな顔をするのは、食事や散歩の時ではなく、午後のひと時でした。縁側の上でぼんやりしている時なのです。ボブは恍惚《こうこつ》感のある表情で、まるでなにかを思い出しているように、空に向かい目を細めて、嬉しそうにしているのです。誰と話すわけでもなく、吠《ほ》えるわけでもなく、ただひたすら遠くを見ています。ご家族の話では、短くて1時間、時には3時間ぐらいそのままじっとしているのだそうです。

丸一日、ボブと過ごしたわたしは、ご家族の依頼を丁寧に断ることにしました。わたしには、ボブの大切な午後のひと時を奪うことは出来ませんでした。

「ボブにはおじいさんの死も、お葬式の段取りも、家の改装の事情も分からないのです。ただひとつはっきりしているのは、ボブの記憶に残っているおじいさんと縁側で過ごした幸福な日々が、ボブにとって今でも大切な思い出だということです。もし、ご家族がボブのことを愛しているのなら、その時間を残してあげられないでしょうか」

しばらく聞いていた3人のご家族は、今までボブの心を感じてあげられなかったこと、単純に咬まれたことに驚き、どうして咬んだのか考えてあげなかったことをすまなかったと、涙しながら納得してくれました。

ボブは9歳まで生きました。その間に家は増築と改装をし、おじいさんの部屋はなくなりました。ただ、ボブとおじいさんの縁側は最後まで手をつけずにそのまま残しました。

その後、ボブは家族を咬むことは一度もありませんでした。家族もボブが縁側にいる時は、ひとりっきりにしてあげるように心がけました。

ボブは死ぬ前の日まで、毎日かかさず午後は縁側で過ごし、ひとりで思い出をかみしめながら幸せそうにしていました。空を見つめているときの恍惚とした表情は、歳をとっても変わりなかったそうです。ボブの一生は、大好きなおじいさんと3年、そしておじいさんとの思い出が6年の幸せな9年間でした。

そして、最後は大好きな縁側で家族に看取《みと》られながら息を引き取ったそうです。縁側での死に顔は、まるで天国のおじいさんに会えることを喜んでいるような明るい笑顔だったそうです。

第3話　腕の傷の思い出

わたしがそのゴールデンレトリバーをはじめて見たのは、東京の六本木《ろっぽんぎ》にあるとある住宅メーカーの展示場でした。当時、わたしは大手新聞社の依頼で、その展示場で毎月、犬のしつけ教室を開催していました。毎月1回の定期開催をはじめて、2回目の時だったと思います。

六本木という場所柄か、参加者はわりあいお洒落《しゃれ》な人が多く、みなとても犬を大事にしているようでした。都会の真ん中でのしつけ教室らしく、参加者のほとんどがマンション住まいのようで、参加犬の多くが小型犬でした。その中で大型犬のゴールデンレトリバーはひときわ目立っていました。

そのゴールデンレトリバーは、まだ生後4ヶ月ぐらいの子犬でした。犬の名はジョンと言いました。参加者は50代ぐらいのお父さんと20代前半の姉妹が2人の計3人でした。しかし、3人の家族の顔がもうひとつ明るくないことが気になりました。普通、子犬を連れた家族は、犬が可愛くてたいていはニコニコしているものです。

子犬の方はというと、まだ右も左も分からず、はじめてきた場所で右往左往。どこに行っていいやら、何をしていいやら、ただただ目標もなく走り出そうとしていました。他の小型犬に比べれば、迫力もあり、かなりの力で引っ張ります。参加犬の中でも、特にヤンチャぶりが目立ったせいか、3人の家族はリードで必死に走り出すのを止めながら、照れ笑いを浮かべていました。

はじめての参加ということで、わたしはまずどんな暮らしぶりかを見ようと思い、オスワリをしてもらうことにしました。

まずはお姉さんが愛犬に「オスワリ」と言います。しかし、ジョンはまったく知らんぷりです。ただただ周りの犬や人を気にするばかりで、座る素振りも見せません。

次第に語調も強くなります。

「オスワリ！　オスワリだってば！」

お姉さんは声を張り上げますが、まったく変化なし。やがて選手交代となり、お父さんがやや強めの語調で言いました。

「スワレ！」

しかし、相変わらず座る気配すら見せません。しばらくお父さんは命令を続けていましたが、最後には照れくさそうな笑いを浮かべて諦《あきら》めてしまいました。

「ダメだなぁ。ウチでは出来るんだけどなぁ」

その家族がジョンを飼うことになったのは、ほんの気まぐれからだったそうです。

ある日、家族揃って久しぶりに横浜の中華街で食事をしようということになり、車で世田谷《せたがや》の自宅から横浜へ向かいました。しかし道が空いていて思ったより早く着いたため、横浜の街をしばらくブラブラすることにしたのです。

たまたま通りかかったペットショップのショーウィンドウに、まだヨチヨチ歩きの茶色い可愛い子犬を見つけました。別に犬を飼おうと決めていたわけではありませんでしたが、なんとなくその可愛らしい仕草に惹《ひ》かれ、引き寄せられるように店内に入り、しばらくその犬を見ていたそうです。犬の方も大きな瞳《ひとみ》をキラキラさせて、ジッとこちらを見つめ返します。

しばらくすると店員さんがやってきて声をかけてくれました。

「出してみましょうか？」

ショーウィンドウの中にいた子犬を出し、娘さんに抱かせてくれました。子犬は温かく、ふわふわとして、ビックリするぐらい気持ちよい抱き心地でした。子犬の方も、はじめて会ったとは思えないほど落ち着いていて、全身の力を抜いて気持ちよさそうに体を預けてきます。家族で順番に抱きかかえて、数十分もそこにいたそうです。

その日の食事中も、次の日も、家族の話題はその子犬の話だけになりました。誰もが、抱いた時の心地よい感触が忘れられないのです。どうしても我慢できなくなり、2日後にまたその店を訪れました。すると、その子は相変わらずショーウィンドウの中でヨチヨチ歩き回っていました。そして家族が近づくと、まるでずっと待ってたよとばかりに尾っぽを振るのです。

誰も口には出しませんでしたが、みな同じことを思っていました。その場でその子犬を買うことを決めました。犬を飼うのは、まったくはじめての経験でした。ドッグフードの他に、首輪やリード、ペットシーツや水飲み容器など一式も購入し、段ボールにクッションを敷いてもらって、そのまま抱きかかえて帰宅しました。

子犬はジョンと名づけられました。家に来てからの数週間は、みな幸せでした。部屋のあちこちでオシッコをしましたが、その仕草も可愛く感じられました。

「あらあら、大変」

そう言うと、ジョンは申しわけなさそうに下を向きます。それがまた可愛く思えました。ご飯をモリモリ食べる姿も頼もしく、走りながらたまに転ぶ姿に家族全員で笑い転げました。仕事が終わると少しでも早くジョンに会いたくて、みなわれ先に帰宅するようになりました。

しかし、そんな幸せな日々は長くは続きませんでした。家に来てから1ヶ月ぐらいすると、様々な問題が持ち上がってきました。トイレ用に敷いてあるペットシーツを引きちぎり、ズタズタにしてしまいます。テーブルの脚や柱などもガリガリ咬《か》み、木くずだらけにしてしまいます。誰かが訪ねて来れば町内に響き渡る声でワンワンとけたたましく吠《ほ》えます。お散歩に行けば、引きずり倒さんばかりに引っ張り回し、道ばたに落ちている枯れ葉もゴミもすべて口に入れます。すれ違う犬には唸《うな》り、止めさせようとすると今度はこちらに向かって唸ってきます。

一番激しいのは夕方、誰かが最初に帰宅した時です。玄関で待ちかまえ、入るのも待たず飛びかかってきます。服の袖《そで》を咬み、グイグイ引っ張り回します。そのたびによそ行きの服もすぐにズタズタにされてしまいます。あまりの過激な出迎えぶりに、家族は家に帰るのが憂鬱《ゆううつ》になりました。最初に帰った誰かが犠牲にならなければならないのです。このままでは、どうしようもないということになり、人に聞いたり、電話帳で調べたりして、犬の訓練所を探したそうです。

近くの訓練所に電話で相談し、通ってみることにしました。しかし、何回行っても、なかなか効果は上がらず、その都度、訓練所を変えました。結局、2ヶ月間に3回ぐらい変えました。しかし訓練の効果はほとんどなく、相変わらず、引っ張り、吠え、飛びつき、咬む毎日でした。誰もがジョンの存在を嫌がり、言葉をかけることも触ることもなくなっていきました。

結局、歳が一番若いというだけの理由で、妹さんが面倒を見させられることになりました。妹さんはなんとかしようと、咬まれながら、服を破かれながらも、練習を重ねました。おかげでジョンは少しずつではありますが、だんだん言うことをきくようにはなりました。しかし、興奮した時だけは誰も止めることが出来ませんでした。ちょうどそんな時に、新聞の記事でわたしのしつけ教室を知り、恥ずかしい思いをこらえて出かけてみることにしたのだそうです。

会場には30頭ほどの犬が参加していました。どの子を見てもみな、ジョンよりはいい子でした。ジョンはまったく言うことはききませんでしたし、無理にさせようとすると唸りました。なにより5秒と落ち着いて座っていることが出来ませんでした。ただ、ひとつ気づいたことがありました。暴れているわりに、目元が優しく、甘えん坊の子犬らしい目をしているのです。

オスワリの仕方や呼び戻しの教え方などひと通りのしつけ教室が終わったあと、わたしはその家族が気になり、ジョンの現在の気持ちを伝えてみることにしました。

「この子の性格はとてもいいですよ。飛びついたり、袖を咬むのも、あなた方を嫌ってやっているのではなく、甘えたくて、好かれたくてしているみたいですよ。ただ、自分の気持ちの表現方法が分からないんですね。一生懸命すればするほど、逆に理解されず、ますます焦った行動になっているようです。気持ちはとっても良い子で、人を頼りにしたいと思っている子なので、分かってやってくださいね」

そして最後に、気になっていたことを付け加えました。

「あなたの家族はみな、しつけを誰かにしてもらおうと思っているのではありませんか？ 我が子のしつけは親がしなければなりません。犬も一緒です。他人に我が子を預けてもいい子には出来ませんよ」

その言葉に、家族は思い当たるふしがあったようです。最初は皆で可愛がりすぎるほど可愛がり、しかしちょっと問題が起き始めると、他の家族を頼り、最後はみな、しつけを放棄して逃げ回っていたというのです。

それから家族は心を入れ替え、なんとかジョンを理解しようとしました。咬まれることを恐れず闘い続けました。おかげで、半年も過ぎるころにはなんとか妹さんの言うことだけはきいてくれるようになりました。ただし、興奮した時と、大好きなおもちゃで遊んでいる時はやはり止められませんでした。それでも、やっとなんとか人並みの生活には戻れそうに思えていました。

家族はその後3回ほど、しつけ教室に来ました。来るたびに少しずつジョンは言うことをきくようにもなり、オスワリやマテも完璧《かんぺき》ではないもののなんとか出来るようになっていきました。ただ、お父さんのジョンに対する指示の仕方がだんだんきつい語調になっていたのが気になり、何回か「もっと優しく言うように」と注意をしました。

お父さんは、同じ頃にスタートした他の犬たちがどんどん良くなることに少し焦りを感じていたようでした。

やがて、その家族は教室には姿を見せなくなりました。

事件は、お正月に起きました。まだおとそ気分も抜けない1月3日に、お父さんから電話がかかってきたのです。

「犬が今、娘を咬んだ。もうダメだ。このままでは保健所に連れて行くしかない！」

電話口のお父さんはかなり興奮していました。

ジョンのお気に入りの犬用ガムが小さくなってきたので、飲み込むと危ないと思って妹さんが取り上げようとした時でした。ジョンはまるで獲物に襲いかかるように牙《きば》をむきだし、いきなり妹さんを襲ったのです。逃げるまもなく、腕を強く咬まれ、血が噴き出しました。家族が走り寄り、どうにか引き離しましたが、妹さんの腕はすでに血まみれでした。何が起きたか分からず呆然《ぼうぜん》とする妹さんを、お父さんが近くの病院に連れて行きました。腕を8針縫う大けがだったそうです。お父さんは「もう、ダメだ。ジョンを保健所に連れて行って処分してもらおう」と言い出しました。

妹さんは、大丈夫だからと頼みましたが、お父さんは頑固に捨てると言い張りました。

そこで、捨てる前に一度だけ、わたしに相談してみようということになり、電話をしたそうです。

「明日、行きますから、捨てるなどと言わず、待っていてください」

わたしは、とりあえずそう言って、翌日、その家を訪ねました。

当のジョンは何事もなかったかのように涼しい顔でした。どうして、こんなことになったのか、姿を見なかった半年にあったことをわたしはすべて細かく聞きました。

六本木の教室に通って徐々にしつけは成功しつつありましたが、もっと早く言うことをきく犬にならないかと、いろいろな本を読みあさり、あらゆる方法を試していたようでした。その中には、叩《たた》いたり、蹴《け》ったりとかなりスパルタ的な指導法もあったようでした。

その間にジョンはどんどん意固地になり、しまいには家族に対して威嚇して唸ったり、飛びついて袖口をボロボロにするほど咬《か》んだりするようになったそうです。短期間の間にいろいろな方法を試され、厳しく叩かれ、飼い主に対する信頼感を失っていたのでしょう。

体も大きくなり、引っ張る力や咬む力も強くなったことから、家族全員が心のどこかでジョンを怖がっていたのかもしれません。そのことを敏感に察知し、より凶暴になっていたようでした。帰宅するたびに服が破かれるほど飛びつかれることから、次第に家族の帰宅時間も遅くなり、夕方の散歩もみなで譲り合い、逃げ合い、時には散歩に行かない日もあるような生活になっていたそうです。

咬まれた妹さんだけは、なんとかジョンを立ち直らせようと必死に頑張っていたようでした。その妹さんが咬まれたことから、「もう、ダメだ。誰もこの犬の面倒を見られない」とお父さんは判断したのです。

ひと通り、話を聞いたあと、家族全員とジョンをよく見比べてみました。ジョンは相変わらず人の目を見ようとはしないのですが、咬んだ妹さんを見る時だけ、悲しそうな目をしていました。わたしは、ジョンの目をしばらく見たあと、家族にこう切りだしました。

「ジョンは間違いなく良い子になりつつありますね。家族を恨んだり、敵視している目つきではありませんよ。おそらくジョンはやっと家族に心を許し、一緒に生きていこうと思い始めたのではないでしょうか。特に一番面倒を見てくれていた妹さんに、最も近づきたいと思ったのではないかと思います。犬が人を頼るとき、ただ優しく愛してくれるだけでは心を許すことはありません。自分を守ってくれる力強さがあるか、自分を心から叱ってくれる深い愛情があるか、自分を恐れてはいないかなどを判断します。きっと、妹さんならばそれに応《こた》えてくれるかも、と思って咬んでみたのではないでしょうか。それだけ人に近づきたいと思っている証拠です。だから事件のことは忘れて、今まで通りにつきあってあげてください。そうすれば、この人となら生きていけると確信し、もっともっと良い子になるはずですよ」

家族は意外といった顔をしていました。わたしは妹さんに聞いてみました。

「どうしますか？　お父さんは捨てると言っていますが、あなたはどうしますか？」

妹さんは、逆にわたしに聞いてきました。

「わたしが頑張れば直りますか？」

「勇気と愛情があれば、直せますが……かなりの頑張りが必要です」

しばらく、張り詰めたような沈黙がありました。そして、妹さんはゆっくりと口を開きました。

「わかりました。やってみます。教えてください」

覚悟を示すような強い口調でした。

わたしは、なぜジョンが妹さんを咬んだかを説明しました。

「ジョンにとって、言うことをきかないことも、飛びつくことも、咬むことも、嫌がらせや反抗心でやっているわけではないのです。喜び方も甘え方も、単に何も教わっていなかっただけなのです。いろいろな先生の所に通ってはみたものの、先生に任せるばかりで家族の誰ひとりとして自分が頑張ろうとしなかった結果です。飛びつかれることや、唸《うな》られること、咬まれるかもしれないといった恐怖から、みながこわごわ怒らせないようにと気を使いながら接していましたね。だからジョンは、一番自分を大切にしてくれそうな妹さんの愛情を試そうとしたのです。犬はその一生を誰についていくか判断する時、自分を最も愛してくれそうな人、そして時には守ってくれる力のある人を探します。深い愛情を持っていれば、咬んだぐらいで捨てたり無視したりはしません。強く深い愛情がある人は、必ずしっかり叱ってくれることを犬は本能で知っています。責任ある親、自分の子を愛する親は、子どもを叱ります。浅い愛情や薄い責任しかない親は子に気を使うことはあっても、しっかり叱れません。叱る行為そのものが愛されていると伝える方法なのです」

そして、咬まれそうになった時の対処法も教えました。

「咬まれそうになった時は、犬を仰向けにひっくり返し、口を押さえ、強く叱ってください。そのあと、そのままの姿勢でゆっくり時間をかけて、リラックスするまで優しく褒め続けてください」

この方法は、愛犬に飼い主の強さと優しさの両方を同時に教えられる方法で、それまでにも数多くの問題犬に対して効果があった方法でした。といっても、今回の場合は体重がすでに20キロを超えている大型犬であること、実行する人が20代の若い女性であることから、その後の数週間は、まさに毎日が闘いの連続だったようです。

妹さんからは、たびたび電話がありました。

「教えられた通りにやっていますが、本当にこのままで大丈夫なんでしょうか？」

そのたびにわたしは答えました。

「絶対、大丈夫です。ジョンは悪い子ではありません。必ず、分かってくれますから」

練習をはじめて、約1ヶ月たった頃でしょうか、妹さんから電話がありました。いつもと違う声でした。

「あの～、ジョンが変なんですけど、ちょっと来て見てくれませんか？」

なにかまた異変かと思い駆けつけて見ると、おとなしく寝そべっているジョンの横で4人の家族が不思議そうな顔をしていました。

「どうしましたか？」

「昨日から突然咬まなくなり、誰かが帰宅してきても飛びつかなくなったんです」

そればかりか、妹さんがソファにいると側にきて膝《ひざ》の横で体をすり寄せ、甘えるようになったと言うのです。食欲もあるし、排便もいつも通り、元気もあり、体の異常はなさそうでした。ジョンの目を見ると、優しく安心しきった目をしていました。その目は、やっと自分が頼れる飼い主を見つけたと言っているように感じられました。

その後のジョンの進歩はめざましく、オスワリだけでなく、フセもマテもすぐに覚えていきました。散歩でリードを引っ張ることもなく、拾い食いをすることもなく、他の犬と喧嘩《けんか》することも全くなくなりました。近所でどの犬とも仲良くできないと評判の柴犬《しばいぬ》とも、ジョンとだけは仲良く出来たそうです。

次第に近所の誰もが、すれ違うたびにジョンに声をかけてくれるようになりました。みなに撫《な》でられ、褒められ、近所では有名な名犬になっていきました。週末には、車に乗せて、遠く軽井沢《かるいざわ》や蓼科《たてしな》にも旅行に行けるようになりました。旅先の宿舎や観光地でも、誰もが「いい子ね〜」と可愛がってくれる犬になったそうです。家族にとって、それはまさにジョンがくれた幸せな時間でした。

そんな名犬になったジョンでしたが、10歳の誕生日を迎える前に、急に食欲が落ちてきました。病院に連れて行くと、癌だとわかりました。家族は必死に看病を続けましたが、1ヶ月にも満たない短い時間で亡くなってしまいました。ジョンにとっては短すぎる生涯でした。

ジョンのお葬式は盛大でした。祭壇にはたくさんの花が飾られました。ジョンの生前の写真もいっぱい飾ってありました。祭壇の正面には蓼科高原で撮った、青い空と緑の芝生の上で楽しそうにこちらを見ている写真が飾られていました。その横には、お葬式には似つかわしくない、牙《きば》をむきだし今にも襲おうとする凶暴なジョンの写真も置かれていました。

お葬式には、近所の人たちだけでなく、毎日公園で出会ったたくさんの犬が参列してくれました。中には道ですれ違っただけのあまりよく知らない人まで参列していました。その誰もが、ジョンの短い一生を悲しみ、目に涙を浮かべ、惜しみました。

それから1年ぐらいが経ち、たまたま機会があってその家族にお会いすることになりました。まだ、ジョンとの楽しかった思い出が忘れられず、家族の悲しみは癒《い》えきってはいないようでした。

ただ妹さんだけは違っていました。わたしに向かい、胸を張って言いました。

わたしは、今でもその言葉が忘れられません。

「犬の寿命は短く、悲しいものです。でも、わたしには、たったひとつ誇れるものがあります。それは、わたしの腕に残った傷です。わたしの腕には一生消えないジョンと生きた証《あかし》が刻まれています。ジョンはいなくなりましたが、これからも腕の傷を見るたびに、ジョンとの暮らしをいつでもはっきりと思い出すことが出来るんです」

そう言うと、妹さんは腕をまくって、傷跡を見せてくれました。まだ痛々しく見えるその傷を愛《いと》おしくなでながら、妹さんは言いました。

「ジョンは、わたしに、深く愛するためには勇気がいることを体で教えてくれました。そして、深く愛した時、深く愛された時にしか、伝わらない心があることを教えてくれたと思うんです」

妹さんの顔は、はじめて六本木の教室に来た時と比べて、明らかに変わっていました。まるで母親のような、静かな強さと優しさに満ちていました。

第4話　犬と不良少女

なにが悪かったのか分かりません。誰が悪いのかも分かりません。しかし、吉田《よしだ》さんの家庭は明らかに崩壊寸前でした。中堅企業に管理職として勤めているお父さんと、専業主婦のお母さん、そして中学2年生の女の子が1人の3人家族でした。家庭内がおかしくなりだしたのは、女の子が小学校6年になり、中学受験を控えた頃からでした。

今思えば小さな心に、大きな期待をかけすぎたのかもしれません。小さい頃は頭も良く、くりくりした瞳《ひとみ》で誰にも可愛いと言われた女の子でした。しかし、中学受験という言葉を意識しはじめた時から、少しずつ家庭内の歯車が狂いはじめました。そしてそれはあっという間に修復不可能と思われるところまで進んでしまいました。

結局、私立の有名中学を諦《あきら》め、近所の公立中学に入学しました。しかし、その子は、頭は金髪、顔は真っ黒、唇には白い口紅といった化粧の女の子に変わってしまいました。学校にも行ったり行かなかったりという生活になり、言動は日増しに荒くなっていきました。学校の友達もいなくなり、自分の部屋にいるか、たまに街に出ては深夜まで帰ってこないようになりました。

そしてしまいには、少しでも気に入らないことがあると、母に向かって殴る、蹴《け》るの暴行を加えるようになりました。お父さんがいる時には、部屋からほとんど出てこず、たまに出てきてもまったく会話をしなくなりました。お母さんも女の子になにひとつ言えず、ただただ機嫌をそこねないようにビクビク暮らす毎日でした。

そんなある日、女の子が突然、子犬を買ってきました。茶色と白の2色に色分けされた可愛いジャックラッセルテリアという犬種です。近くのペットショップの前を通った時に、突然欲しくなり買ってきたとのことでした。とても犬を育てられるような性格ではないと思っていたお母さんは、「飼えない、無理」と思いましたが、反対は出来ませんでした。

しかし、女の子は犬を育てることだけはお母さんにまかせず、1人でなんでもこなしました。散歩や食事もそのほとんどをすべて自分でやりました。近所の警察犬の訓練所にも自分で通い、しつけも自分でやりました。その犬にジャックと名付け、自分の部屋で一緒に暮らし、寝るときは同じベッドで寝ました。

とても可愛がっているように見えましたが、気まぐれな性格はそのままで、機嫌の悪い時にはその犬にも八つ当たりをし、よく叩《たた》いたりもしました。ジャックは、怖がりながらも、持ち前の明るく打たれ強い性格で、女の子の気まぐれにも上手に付き合っていました。

わたしが吉田家のお母さんと女の子、そしてジャックに会ったのは、わたしの主催する犬のスポーツ大会でのことでした。1年に5回行われるうちの、最初の春の大会でした。ジャックは、ハイジャンプという走り高跳びの競技にエントリーしていました。

参加の受付にはお母さんが代理で来ました。なにかおどおどした感じはしましたが、はじめての競技会であがっているのかな、という程度に思っていました。

わたしだけでなく、会場のみなが驚いたのは、その競技の始まる直前でした。ジャックを連れた女の子が、競技フィールド中央のジャンプ台に向かう途中、手に持った荷物を、フィールドの外にいたお母さんに投げ、大きな声で叫んだのです。

「ババァ！　ちゃんと持ってろよ！」

その声は会場中に響きわたり、一瞬会場中の人がその親子を見ました。女の子は何事もないようにそのまま歩き続けました。お母さんは少し恥ずかしそうに誰とも目を合わせないで、その荷物を拾ったあと、コソコソと歩いていきました。

競技が始まると、女の子の声はもっと激しくなりました。

「ジャック！　テメェ、ちゃんとヤレョ！　跳べるだろ！」

「跳べ、跳べ！」

「なにビビッてんだよ！」

すごい勢いで気合いを入れるのです。あまりの気合いにジャックは怖くなり、体が硬直し、余計に跳べなくなりました。張り切って参加したハイジャンプでしたが、結果は40センチしか跳べず、下から数えた方が早い成績でした。

優勝は、90センチを跳んだ柴犬《しばいぬ》系の雑種犬でした。トイプードルやコーギーといった、ジャックよりも小さな体の犬が次々と高いバーを跳び越えていくのを見て、女の子は、ムッとした顔で自分の控え所に帰っていきました。控え所にはお母さんが、おびえた顔で待っていました。しばらく怒っていた女の子は、次第に落ち込んでいきました。頭を抱えて、この会場に来てしまったことを後悔しているようでもありました。

すると突然、ジッとしていた女の子は立ち上がって歩き出しました。どこへ行くのか、なにを始めるのか、お母さんはあわててその後をついていきました。女の子は、その日のハイジャンプ競技で優勝した雑種の飼い主である男の人の元に一直線に進むと、挨拶《あいさつ》もせずにいきなり問いかけました。

「どうしたらあんなに跳べるんですか？　どう練習するんですか？」

優勝した50代の男性は、登場した時の強烈な印象を覚えていたのか、女の子にこう言いました。

「君は、ジャックを跳ばせよう跳ばせようとしているだろ」

「……」

「スポーツは脅かされてやるもんじゃないよ。楽しくやるもんだよ。人も犬も」

「……」

「跳べたから褒める、跳べなかったら叱る、といった結果じゃないんだよ」

「……」

「跳べても跳べなくても、君の言葉を聞いて跳ぼうとした愛犬の気持ちを褒めてあげなくてはね」

にらむように話を聞いている女の子に、その男性は言いました。

「まず、ジャックにもっと優しくしてあげなさい。犬を脅かしても上手にはならないよ」

競技会の結果が悔しかったのか、もともとの性格が負けず嫌いだったのか、その日から、女の子はジャックに対する態度が一変しました。ジャックにだけは優しく接するようになったのです。お母さんとお父さんに対する態度はあまり変わりはありませんでしたが、どんなに機嫌が悪くてもジャックを叩くことはなくなりました。ホームセンターに出かけ、プラスティックの棒を買ってきて、誰にも聞かずに手製のジャンプ台もつくりました。いつもジャックの体を優しく撫《な》で、庭に出ては一生懸命、暗くなるまで練習しました。もちろん失敗しても叱ることはなくなりました。ジャックラッセルテリアという犬種も良かったのかもしれません。ジャックも決して飽きることなく、延々と練習に励みました。前の日よりも高い高さを跳んだ時には、女の子は手を叩いて満面の笑みで喜びます。その姿を見て、ジャックもますます頑張ろうと思うのでした。

その年の秋の最終戦まで、ジャックと女の子は、全大会にエントリーしてきました。最初は40センチしか跳べなかった記録も、徐々に伸び、4回目の大会では、85センチまで跳べるようになっていました。しかし、90センチを超えなければ表彰台には乗れません。毎回あと少しというところで悔しい思いをしていました。

そして、その年最後の大会のことでした。ジャックと女の子は順調にジャンプを続け、85センチまで記録を伸ばしました。この時点で、残っているのは6頭でした。白い可愛い姿ながら危なげないジャンプを見せ、周囲のみんなをビックリさせているトイプードル。短い足ながら果敢なジャンプをするコーギー。まるでジャンプするために生まれてきたようなスリムな体型のイタリアングレイハウンド。はじめての大会で優勝し、女の子にアドバイスしたあのおじさんの雑種も残っていました。

表彰台に立つためには、3位までに入らなければなりません。次の高さは90センチです。6頭のチャレンジが始まりました。ジャックは3番目です。1番目のコーギーは、跳び上がりはしましたが、胸でバーを落とし、失敗しました。2番目の柴は、ジャンプをためらい、飼い主さんの必死のかけ声にも反応せず、時間切れで跳べませんでした。90センチを跳べた犬はまだいません。この高ささえ跳べれば、ほぼ確実に目標だった初の表彰台に立てます。

女の子は、ジッとジャックを見つめています。心の中でなにかを溜《た》めて、その気持ちをジャックに込めようとしているようでした。ジャックは、その気持ちを背中で聞き、目は一直線に前方のバーを見据えています。

そのままの姿勢が10秒ぐらい続きました。引ききった弓矢が放たれたように、突然ジャックが走り出しました。手を離した女の子は、その手を胸の前で合わせ、目をつむって祈りました。10歩ほど走って、ジャックは踏み切りました。前足を斜め上に持ち上げ、後ろ足は力強く地面を蹴《け》り上げました。

フワッとジャックの体が浮き上がりました。

目を閉じていた女の子は、会場の歓声と拍手でジャンプの成功を知りました。跳び終わり、走って戻ってくるジャックを両手を広げて受け止めました。ジャックも興奮しています。「ヤッタヨ、ヤッタヨ」と、言っているように全身をふるわせています。

結局、90センチの高さで3頭が失敗し、ジャックの表彰台は確定しました。

ところが驚くことに、ジャックはそのあとの95センチも跳んでしまったのです。いかにもジャンパーらしい体型のイタリアングレイハウンドも、前回優勝のおじさんの犬も95センチは跳べなかったのに……。

女の子とジャックは、表彰台どころか、優勝を果たしてしまったのです。表彰式では、照れながらも大喜びの女の子と、フィールドの外でホッとした顔のお母さんが印象的でした。

表彰台から帰ってきた女の子は、トロフィーをお母さんに手渡して言いました。

「ババァ！　やったぜ！」

そして、とっとと自分の車に向かいました。その後を背中を丸めたお母さんが小走りについていきました。

11月にシーズンが終わり、翌年4月の初戦となる大会までの間に、なにがあったのかは分かりません。しかし、吉田家では確実になにかが変化していたようです。4月の初戦の受付には、お母さんとお父さんの2人が揃《そろ》ってやって来ました。ただ少し、お母さんの表情が明るくなったように感じられました。女の子は車の中にいるらしく、受付に姿は見せませんでした。

はっきりと違いが分かったのは、ジャンプ競技が始まろうとする時でした。フィールド中央にジャックを連れて向かう女の子が、フィールドの外にいたお母さんにビデオカメラを手渡した時のひと言でした。そのひと言が、この半年間にあったすべてのことを物語っていました。

「ちゃんと撮ってね……お母さん」

競技が始まったとき、お母さんは手にビデオを持ち、必死に女の子とジャックの様子を撮っていましたが、ちゃんと撮れていたかどうかははなはだ疑問です。ファインダーを覗《のぞ》く目からは、大粒の涙があふれ出ていたからです。お母さんは競技中、ずっと泣きながら、でも最後まで、ビデオカメラを回し続けました。その横ではお父さんがお母さんの肩を優しく抱きかかえていました。

その年、吉田さん一家は全国各地で5回行われるすべてのハイジャンプ競技に参加しました。次の大会からは、家族3人揃って楽しそうに受付に来るようになりました。いつのまにか、女の子の金髪は黒髪に、黒い顔は肌色に、白い口紅はピンクに変わり、普通の中学生になっていました。

そして、その横では、ジャックラッセルテリアのジャックが、いつでも嬉《うれ》しそうに短い尾っぽを振り続けていました。

第5話　タロウのジャンプ

ハイジャンプの思い出をもうひとつ。

東京の東側に荒川《あらかわ》という川があります。東京都と埼玉県の間を流れて東京湾にそそぐ大きな川です。荒川の河川敷は広大な公園となっており、天気の良い日は多くの人が散歩を楽しむのどかな場所です。

北山《きたやま》さんが拾ったその犬は、どこで生まれたのか、いつ生まれたのかわかりませんが、1週間近く、ずっと荒川の河川敷でウロウロしていた犬でした。体は泥で汚れ、毛もバサバサで、見るからに汚い子犬でした。河原の草藪《くさやぶ》をすみかに、河川敷の公園に遊びに来る人に、エサをねだるように近づいていました。何人かの人が持っていたオヤツやパンをあげてはいましたが、引き取り手はいませんでした。

子どももおらず、夫婦2人だけの北山さんはちょうど犬を飼いたいと思い、数週間前から近くのペットショップを見て回っていました。2人のお気に入りは、イタリアングレイハウンドという体の細い、小型の猟犬でした。

ちょうどそんな時に知人から荒川にすみついたその子犬のことを聞きました。とりあえず見てみたいと思った2人は、翌日に荒川の河川敷に探しに行きました。前日にいたらしいと聞いた駐車場に行き2時間ほど待っていると、河原の藪の中からその犬はひょっこり現れました。

子犬は元気でしたが、体は薄汚れ、やせ細り、目は疲れ果て、おどおどしていました。あまりに痛ましいその姿に、北山さんはとりあえず家に連れていこうと思いました。用意していたオヤツを差し出し、近づいて来たところを保護し、自宅に連れて帰りました。

自宅に帰り、北山さんは子犬を洗ってあげました。体型と色は柴《しば》に茶色でしたが、柴犬の子犬に比べれば、体がひとまわり大きいことと、鼻の先が黒いことが純血種でないことを証明していました。まさに、よく漫画で見る泥棒顔でした。なんだかかわいそうに思った北山さんは、しばらくは自宅で飼い、それから新しい飼い主を探してあげようと思いました。

子犬はどんどん成長しました。やせていた体もふっくらし、目の輝きもグングン力強くなりました。腰もパンとし、まさに日本男児といった体つきになりました。甘え方も日本的というか、ズイズイ寄ってくる甘え方ではなく、飼い主の近くにソッと来て、触るか触らないか程度にさりげなく体を寄せてきます。手や膝《ひざ》に顎《あご》を乗せる時もありますが、頭の重みを全部かけることはありませんでした。

最初は、とりあえず新しい飼い主が見つかるまでと思っていた北山さんも、徐々にその犬に愛情を感じるようになっていきました。1年もたったころには、里親探しも忘れ、もうこの犬とずっと暮らすことを決めていました。犬にはタロウという日本的な名前が付けられました。

タロウは、活発な犬でした。とにかく、走ることと食べることが大好きでした。特に遊ぶ時には全力で遊びました。北山さんがひと声かければ跳び上がって喜び、ポンポン跳ねまわりました。

しかし、北山さんにはひとつの心配がありました。それは、それまで他の犬や人にあまり会わせなかったタロウが、他の犬や人と仲良く出来るかどうかということでした。日本犬はあまり他人になつかないとか、他の犬と喧嘩《けんか》しやすいという話を聞くと、心配はますます募っていきました。

ちょうどそんなおり、近くで犬の交流パーティがあると聞き、参加してみることにしました。会場に行ってみると、ラブラドールやボーダーコリーといった綺麗《きれい》な純血種ばかりで、タロウのような鼻先が黒い雑種はほとんどいません。ちょっと場違いな気もしました。

交流会は、午前中がしつけ教室、午後はゲーム大会というスケジュールでした。北山さんはやや気後れしながらも、今日の目的はタロウを他の人と犬に馴《な》らすことだと自分に言い聞かせ、なるべく人混み、犬混みに入るようにしていました。

北山さんの心配をよそにタロウは他の犬とまったく喧嘩をしませんでした。というよりまったく興味がないといった様子でした。犬だけでなく、人にもまったく興味を示しません。人が近くによって来て撫《な》でてくれても、嫌がりもしませんが喜びもしません。タロウにとって関心があるのは、北山さん夫婦だけのようでした。しつけ教室もゲーム大会も、嫌がりもしませんが楽しそうでもありません。ただボーッと付き合っているだけです。

そんなタロウの様子に、北山さん夫婦は複雑な思いでした。喧嘩しないことは嬉《うれ》しいのですが、タロウはずっとつまらなそうにしているのです。

ただひとつタロウが燃えた瞬間がありました。午後からのゲーム大会が始まって、3つめのゲームでした。「はい！　ジャンプ」というゲームで、人間の走り高跳びのように、だんだん高くなる1本のバーをどこまで高く跳べるかというゲームでした。バーを落としたり、下をくぐってしまうとその時点で失格となります。

最初は、20センチの高さでした。体が大きめのタロウにとっては、またぐくらいの高さです。軽く成功しました。

次は40センチになりました。いつも散歩で行く公園の駐車場に張ってあるチェーンくらいの高さです。タロウは毎朝、このチェーンを跳んでいます。慣れた足取りで見事に跳び越えました。

次は、60センチです。最初は100頭近くいた犬が、この60センチでは次々とバーを落としました。タロウの順番が来た時までに跳べた犬はボーダーコリーなどのスポーツ系の犬がほとんどで、勝ち残っていたのは数頭になっていました。タロウも60センチを跳んだことはありません。

北山さんもここまでかと諦《あきら》めかけました。リードをつけたまま、バーに近寄り、タロウに一声かけました。

「跳べ!」

するとタロウは、見事なほどの跳躍で60センチのバーを跳び越したのです。唖然《あぜん》とする北山さんの横でタロウは嬉しそうに尾っぽを振っています。一番、喜んだのは、見ていた奥さんでした。愛犬の思わぬ勇姿に我を忘れて駆け寄り、ぎゅっと抱きしめて叫びました。

「タロウ！　タロウ！」

あまりの大喜びぶりに、周囲の人もつられてニコニコしています。

次の高さは70センチでしたが、タロウは見事にこの未知の高さもクリアしました。70センチを跳べたのは、タロウよりも大きな体のラブラドールレトリバーと、いかにもスポーツが得意といった体型のボーダーコリー、そして全身筋肉のドーベルマンだけになっていました。すでにタロウは100頭の参加犬の中でベスト4に入っていたのです。

立派な純血種に混じった意外な犬種の勝ち残りに、見学していた観客も自然とタロウの応援団になっていきました。

ついにバーは80センチの高さになりました。最初のラブラドールは、何回かの挑戦のあと、どうしても跳ぶのをためらい諦めました。次のボーダーコリーは見事に跳び越したように見えましたが、最後に触れた尾っぽがバーを落とし、失敗しました。

いよいよタロウの番です。タロウは、飼い主さんの方をずっと見ていました。北山さんは、内心もうダメだろうと思っていましたが、タロウのやる気と観客の声援に押され、声を振り絞りました。

「行くぞ！　頑張れ！」

80センチへの挑戦です。バーの正面からタロウは走り出します。

「タロウ！　跳べぇ～！」

タロウは、後ろ足で思い切り地面を蹴《け》り、空に舞い上がりました。

しかし、タロウの体はバーの上まではあがりませんでした。胸のあたりでバーを落とし、記録は70センチで終わりました。

最後のドーベルマンは華麗なジャンプを見せて80センチを軽々クリア。さらにもっと高いバーも跳び続け、1メートル20センチという飛びぬけた記録で優勝しました。

優勝こそ逃したものの、100頭中2位タイという思わぬ大活躍に、北山さん夫婦は「良くやった、良くやった」といつまでもタロウを褒め続けました。拾われてからずっと可愛がられてはいましたが、こんなに喜んでくれる北山さん夫婦を見たのはタロウにとってもはじめてでした。応援してくれていた人たちも近寄っては次々にタロウの健闘を称《たた》えてくれました。

それから北山家では、ジャンプの練習が日課となりました。庭に自作のジャンプバーを作り、毎日、練習を重ねました。長い日には1時間以上もジャンプの練習をしました。タロウも跳ぶのが大好きでした。上手に跳べた時は、北山さんが大喜びします。それを見て、タロウもますます嬉しくなります。喜んでもらいたくて、日が落ち、暗くなるまで練習を重ねました。

猛練習の甲斐《かい》があり、タロウは半年ぐらいたった時には1メートル25センチの高さまで跳べるようになっていました。翌年の春、北山さんはハイジャンプの競技会に出ることにしました。今のタロウの実力なら、優勝も夢ではありません。ハイジャンプ競技は、年間に5回の予選があり、優秀な成績のペアだけが秋の全国決勝大会に進めます。

北山さんとタロウは、その年の春に行われた1回目の予選大会に出場しました。競技会の雰囲気は、以前の交流会の遊びの雰囲気ではありませんでした。来ている犬も飼い主さんたちの気合いも違います。いずれもジャンプには自信のある犬ばかりでした。雑種としては大きな体型のタロウもこのメンバーの中では小さい部類に入りました。

バーはいきなり80センチから始まりました。でも今のタロウにとっては軽々跳べる高さです。北山さんはタロウにかるーく声をかけました。

「跳〜べ」

かるい声にタロウは油断したのかもしれません。体はふわっと浮きましたが、バーに足をかけ、落としてしまいました。

「えっ」

北山さんは驚きましたが、時すでに遅し。その時点で早くも失格となってしまいました。せっかくの意気込みで出場したジャンプ競技大会は、1回の跳躍で終わりました。北山さんはタロウの油断を責めました。

「タロウ、跳べるはずだろう。なんでだよ〜」

帰りの車の中でも北山さんはタロウの失敗を責め続けました。タロウはすまなそうに小さく固まっていました。

その日以降、タロウはジャンプを嫌がるようになりました。跳ぶたびにあんなに喜んでくれていた北山さんは今はいません。跳ばせるために怖いほどの声を出し、必死に脅かして跳ばせようとします。60センチを跳んだだけで、あんなに大喜びしてくれた北山さんとは別人になっていました。

どうしても跳ぼうとしないタロウに困り果てた北山さんは、会場で知り合ったベテランの参加者の1人に相談しました。すると彼は、北山さんにタロウの気持ちを伝えました。

「犬にとっては、表彰台も賞状も名誉も関係ないよ。タロウは、あんたの喜ぶ顔だけが見たくて跳んでいたんだろうなぁ。跳べたか跳べなかったかは関係ないよ。タロウにとっては、あんたの顔から喜びが消えたんで、跳ぶ意味がなくなってしまったんだろうね」

そのひと言に、北山さんは愕然《がくぜん》としました。自分が夢中になり、欲を出し、その結果、タロウの心が見えなくなっていたことに気がつきました。

「ごめんな、タロウ」

その夜、北山さんは夜遅くまでタロウに詫《わ》びました。

翌日から、練習方法が変わりました。バーを跳び越しても、落としても、北山さんはタロウを褒め、共に喜びました。あんなに跳ぶのを嫌がっていたタロウも、復活した北山さんの笑顔に、また以前のようにジャンプが大好きなタロウに戻っていきました。

元のタロウに戻ったのを確認した北山さんは、その年の最終予選に出場しました。タロウは、なんと1メートル30センチという大記録で見事予選優勝を果たしました。そしてその年の秋、全国決勝大会に駒を進めることになりました。

全国決勝大会は埼玉県の西武ドームでの開催でした。さすがに、全国大会ともなると出てくる犬の種類も貫禄《かんろく》も違います。全国各地の予選を好記録で勝ち抜いてきた犬ばかりが30頭もいるのです。

タロウは圧倒されました。北山さんも圧倒されました。以前の大会で優勝したあの筋骨隆々のドーベルマンもいました。鹿と見間違えるように細く大きなボルゾイや、子牛のような大きさのグレートデンもいました。タロウは全選手中、下から3番目の大きさでした。

しかしいっぽうで、みるからに雑種犬であるタロウの力強いジャンプは、インターネットなどで日本中に伝えられ、特に雑種ファンの間では話題の犬になっていました。タロウはいつのまにか「雑種界の星」と呼ばれるほどの有名犬になっていたのです。会場にはタロウを一目見ようと、たくさんの人が応援に来ていました。

大きな会場、大きな犬、大きな歓声の中で、タロウはビビリました。体は硬直し、目は周りを落ち着きなく見回し、緊張で歩くことも自由に出来なくなりました。隣では、北山さんも体をガチガチに硬くしています。声援に応える笑顔も心なしか引きつっています。

場の雰囲気に慣れる間もなく、大会が始まりました。最初は80センチからです。タロウは20番目の登場でした。さすがに全国決勝大会です。タロウの前までに80センチを跳べなかった犬は1頭もいませんでした。みんな楽々と跳び越していきます。

いよいよタロウの番がやってきました。しかし、スタートラインに立ったタロウは跳ぶどころか、スタートすることも出来ないでいました。

「タロウ。いいんだよ。失敗しても」

「こんな凄《すご》い所まで連れて来てくれて、俺は幸せだよ」

「1回だけ、跳んで帰ろう！」

北山さんは励ますように言い続けました。

タロウは、その声に尾っぽを振りましたが、固まった体は動きませんでした。動き出さないタロウに会場からは、もうダメかとため息がもれはじめました。

その時です。何かを感じたのか、タロウは急に東の方角に頭を上げ、鼻を空中に突き出しました。風の匂いを嗅《か》いでいるようです。西武ドームから見て東の方角のずっと先には、荒川が流れています。もしかしたら、捨てられ、腹を空かし、さまよっていたあの河原の匂いを感じたのかもしれません。

しばらく、空中の匂いを嗅いだあと、タロウは急に正面のバーをにらみ、強い意志を見せました。そして、一気にバーに向かって走り出しました。

ふわりと、タロウの体が宙に浮きました。

今まで見たこともない気迫のジャンプでした。

その後、タロウは、徐々にあがるバーを次々に跳び越し、ついに1メートル25センチの高さまでノーミスで来ました。すでにここまで成功していた犬は3頭だけになっていました。

小柄な体で大ジャンプを見せるタロウの勇姿に、会場の誰もが感動し、タロウの応援を始めました。1メートル25センチのスタートに着いた時、西武ドームの観客は誰もがタロウの名前を呼んでいました。

「タロウ！　タロウ！　タロウ！　タロウ！」

どこからともなく始まった応援の声は、次第に大合唱になりました。北山さんは感激していました。涙があふれました。雑種犬のタロウは広い西武ドームの数万人の観客をひとつにしたのです。荒川の河川敷をさまよっていた子犬が、今や数万人の声援を受ける犬になっていたのです。

そこには、オドオドした捨て子のタロウはいませんでした。張り出した胸、力のある目、しなやかな筋肉、そして北山さんに対する信頼感、優しさ。鼻の黒い泥棒顔のタロウの姿は、会場の全参加犬の中でもひときわ美しく輝いていました。

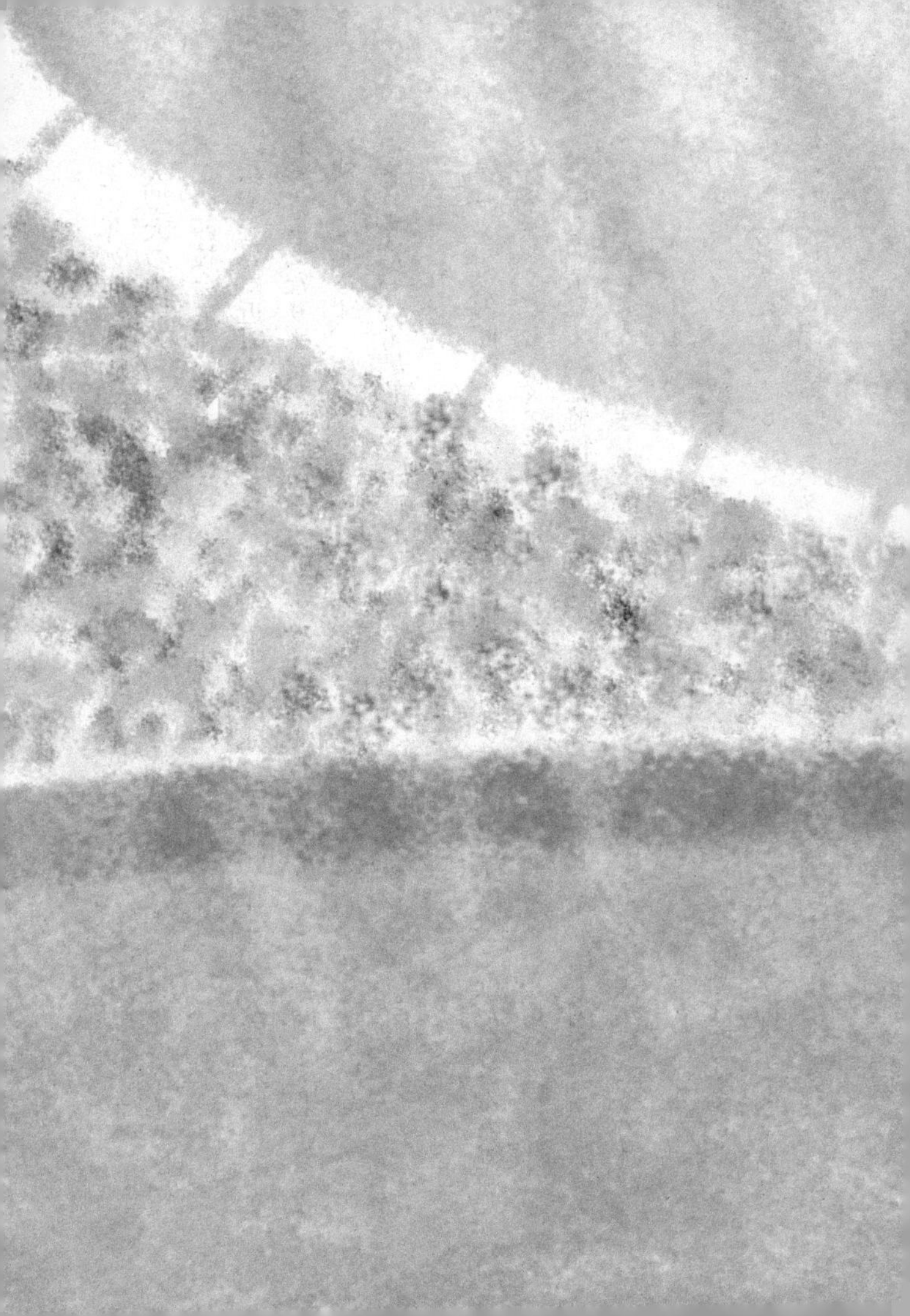

その年の全国決勝大会で、タロウは準優勝を果たしました。

大型犬の中に入って大活躍したタロウは、その翌年もみんなの人気者になりました。どこの競技会に行ってもタロウの名前を知らない人はいませんでした。みながタロウの勇姿を見に近寄ってきてくれました。ひとたび、競技に入れば、みなが応援してくれるようになりました。時には失敗することもありましたが、そんな時でも北山さんは決して叱らず、にこにこしながら必ず褒めていました。

タロウはいつも嬉《うれ》しくて、嬉しくて、跳ぶことが大好きでした。

タロウが準優勝した次の年から、各地のジャンプ競技の予選会にはたくさんの雑種犬がチャレンジしてくるようになりました。

河原を放浪していた雑種犬タロウは、バーを跳ぶことでこんなにも飼い主さんが喜んでくれることを知りました。タロウは飼い主である北山さんの笑顔が見たくて跳び続けたのかもしれません。

しかし、タロウが成し遂げたのは、北山さんとの幸せな日々だけではありませんでした。雑種犬だからといって決して他の犬に劣ってはいないこと。雑種犬でもやる気になれば何でも出来ること。タロウは全国の雑種犬とその飼い主さんに大きな勇気と幸福感を与えてくれたのでした。

第6話　ダイエット犬

その犬にはじめて会ったのは、栃木県で開催されたしつけ教室でした。犬種はミニチュアダックスフンド。というよりは、たぶんダックスフンドだと思う……というのが第一印象でした。

なぜなら、その犬はそれまで見たこともないほど太っていたからです。お腹はまるで樽《たる》のようにふくらみ、普通に立っていても下腹が地面についていました。足は一応、4本ついているといった程度です。もちろん、走ることは不可能に近く、歩くだけでもヨタヨタと、体を左右に揺らしながらでなければ前には進めませんでした。

桜の咲いている時期でしたが、ほんの10メートル歩くだけではぁはぁ息づかいが荒くなり、ドサッと腰を落とす有様です。2歳のミニチュアダックスフンドということでしたが、普通の犬のようなオスワリは出来ず、足を横に投げ出して、斜めに座るのがやっとという感じでした。平均的な犬は、背中に手をあてれば、骨の位置はだいたい分かるのが普通ですが、この子は手をギュッと押しつけても、骨の位置はまったくわからず、厚い脂肪の肌触りしか感じませんでした。

飼い主は、40歳代の人の良さそうなご主人と、少し年下と思われるやはり人の良さそうな明るい奥さんでした。2人で仲良く教室に参加されていました。犬が似たのか、人が似たのかはわかりませんが、お2人ともポッチャリと見事に太っていました。2人と1頭、皆似たような体型でした。そろって見事なまでに同じ体型でした。

しつけ教室にははじめての参加ということでした。1時間ほどの教室が終わったあと、そのご夫婦が近づいて来て、ひと言おっしゃいました。

「ウチの犬、太ってますよね」

「そんなでもないですよ」とは口が裂けても言えない体型でしたので、「はい。見事に」と私は答えてしまいました。

その犬の名前はムギと言いました。ご夫婦ともにビールが大好きで、夕食時には必ず飲んでいたそうです。その時、まだ子犬だったその子が必ず飲みたがるので、少しずつあげていたそうです。最近では、夕食時には必ず食卓の横で、2人と1頭で、まずはビール、という毎日だそうです。

「実は、犬の名前も最初は小太郎と名付けていたのですが、1歳の頃にムギに改名しました。でもいくらなんでも、ダイエットしないとダメですよね」

ご主人がそう言われたので、私は肥満がいかに危険か、また走れないことがどのくらいのストレスを与えるかを説明しました。

「犬にとって走る行為は、人が思っている以上に大事な要素なのです。犬にとって走るということは、風を感じ、命を感じ、時に友情や愛情も表現する大切な行為なんですよ」

「やっぱり……」

そのご夫婦は2人で顔を見合わせた後、かなり落ち込んだ様子でした。そのままうなだれ、トボトボと歩く犬と共に帰っていきました。

それから数日後、電話がありました。

「あれから妻と相談して、思い切ってダイエットすることにしました」

「はい、頑張ってください。まだ若いのでなんとか走れるようになるといいですね」

私はそう励まして、電話を切りました。

次にお会いしたのは、2ヶ月後のしつけ教室でした。この時は東京都内での開催だったのですが、ご夫婦はわざわざ栃木県から遠征して参加されました。

私の顔を見るなり、そのご夫婦は近寄って来て、愛犬ムギを見せてくれました。

「少しやせたと思うのですが……」

しかし、私の目から見ると少しも変わっていません。変に嘘を言ってもと思い、正直に言ってしまいました。

「そうは見えませんが……まだ太っていますね」

「そうですか……」

それまでの笑顔が消え、2人は肩をがっくり落としました。

「毎晩のビールの量を減らして、食事も少し減らして、今までほとんど行かなかった散歩にたまに行くようになったんですけどね……」

しかし、どう見ても細くなったとはいえません。

「このままではまだまだ走れませんね」

「やっぱり……」

ご夫婦は、またまた前以上に肩を落として帰っていきました。

その日から涙ぐましいダイエットが始まったそうです。

まずは、食事の量を減らすことに挑戦しました。今までは、食べたいだけあげていたドッグフードを、ダックスフンドの平均量にしてみました。今までの約半分の量です。当然、ムギは不満です。ペロッと片付けると、「もっと」とばかりにジッとご主人の目を見続けます。無視すると、今度は大きな声で吠《ほ》え始めるのです。

最初は吠えても無視していたそうですが、1時間以上吠え続けるため近所迷惑でもあり、膝《ひざ》の上にのせてずっと慰め続けました。しばらくダイエットを続けていましたが、可愛いまなざしは、次第に大きな吠え声に変わり、そしてだんだん凶暴になり、飼い主さんの手を思いっきり咬《か》むようになっていったそうです。

しかたなく、なんとか見た目だけでもと思い、食器の底にキャベツを敷き、その上にドッグフードをのせて、量的には山盛り風に見せました。それでも食べ終わると不満そうな顔で見上げます。あまりに悲しげな目をするのです。

「よし、分かった。おまえだけに悲しい思いはさせない」

ご主人は、その日から自分のご飯も今までの半分にし、あとはムギと同じようにキャベツを千切りにして食べるようにしました。奥さんも同じようにご飯を半分にし、キャベツにして「一緒だよ」と言い聞かせながら、みんなでキャベツを食べたそうです。もちろん、あんなに大好きだったビールも、犬がほしがるからかわいそうだと、禁酒に踏み切りました。

散歩にも積極的に行くようにしました。以前は、玄関を出て3軒先の角まで行くと、ムギが歩きたがらなくなることから、せいぜい20〜30メートルの距離でした。今はご主人が朝夕2回、昼は奥さんが1回、町内を1周するぐらいの距離を歩くようになりました。体が重いムギは速くは歩けないことから、1回の散歩に要する時間は40分。

それを毎日、3回するようになりました。

その頃から夫婦喧嘩《げんか》も増えました。ご主人が仕事で遅くなった時には、奥さんが夕方の散歩に行かなければなりません。ご飯の量を減らし、大好きだったビールもずっと絶ちました。食べることと飲むことが大好きだったご夫婦には、だんだん会話もなくなっていきました。おまけに、ムギの吠える声はますます大きくなり、止めようとすると手に咬みついてくることもありました。何度もくじけそうになりながら、ムギの命のためと、必死に頑張りました。

ムギをひとりにすると、ティッシュや雑巾《ぞうきん》など、近くにあるものを食べようとするため、留守にすることが出来なくなりました。今までは月に何度か出かけていた外食もいっさい行かなくなり、すべて家でキャベツ中心の食事になりました。近くのスーパーへの買い物も2人では出かけられなくなり、どちらか1人が必ず留守番をしなければならなくなりました。もちろん、旅行などは夢のまた夢になっていきました。

私が次にお会いしたのは、必死のダイエットが始まってから1年ぐらいたった日でした。東京都内のしつけ教室に、久しぶりに参加の申し込みがありました。ムギのことは忘れかけていましたが、参加者の名簿を見て、あのまるまるとした姿を思い出していました。

しつけ教室の始まる前に、私を見つけるとご主人がニコしながら、車からムギと共に降りて、まっすぐ近寄ってきました。ムギは、以前に比べると少しやせたように見えましたが、平均的なミニチュアダックスフンドと比べると、まだまだ太めでした。

しかし、近づいてきたご主人の第一声は、意気揚々としたものでした。

「やせたでしょ」

確かに少しはやせていましたが、胸をはってやせたとはいえない体型です。なんとも答えられずに黙っていると、すぐにご主人は言いました。

「あっ、犬ではないですよ……わたし、わたし……」

近づいてくる犬ばかりを見ていて、飼い主さんを見ていないことに気がつきました。よくよく見ると、顔は確かに1年前と変わりませんが、体型が全くの別人になっていました。

「82キロあった体重が、今は57キロになったんです」

後から来た奥さんもすっきりとした体型になっていました。服装も変わり、お洒落《しやれ》になっていました。奥さんも62キロから48キロになったそうです。

「いやー、ムギのダイエットを始めて、良かったですよ。ムギはまだやせないのですが、私たち夫婦が見事にやせました。服を着るのがこんなに楽しいことだとは思いませんでした。前はおっくうだった散歩も、今は2人とも楽しみで、楽しみで。朝夕と2人で歩くことがこんなに楽しいことだとは知りませんでした。今では、近所の人と挨拶《あいさつ》するのも本当に楽しいんですよ」

ご主人は嬉《うれ》しそうに話してくれました。

「ダイエットを勧めてくださって、本当にありがとうございました。あの日のしつけ教室のおかげです」

それだけ言うと、ご夫婦は軽い足取りで戻っていきました。そのうしろを、相変わらずちょっぴり重たそうな足取りでヨタヨタついていくムギの姿がありました。

ムギが普通のミニチュアダックスフンドの体型になったのは、その3年後だったそうです。スマートになったご夫婦とムギは、その後、日本中の温泉地や観光地を巡り、たくさんの思い出を残したそうです。

第7話　心の旅

昭和から平成に替わった年でした。当時わたしは、各地で愛犬家が集まって、勉強したり遊んだりする交流会を企画し、日本中を回っていました。

まだ寒い2月のある日でした。東京の二子玉川《ふたこたまがわ》というところで、100組ほどの犬と家族が集まって、交流会を開催していました。関東の方ならご存知と思いますが、二子玉川はニコタマの愛称で知られる、女性に人気のお洒落《しゃれ》な街です。多摩川《たまがわ》が西側を流れ、丘の上には高級住宅が立ち並び、その中心に位置するデパートには有名ブランドが店を構える土地柄です。

交流会の会場は、大手商社の運営する輸入キャンピングカーの展示場でした。交流会場の周囲には、1000万円以上もするような高級キャンピングカーが十数台もならび、その中央の広場を借りての開催で、雰囲気もまさにヨーロッパのリゾートといった感じでした。参加している方たちも、品の良い方が多く、なんだかセレブ感のある集まりになっていました。

お洒落な街での集まりということで、まあまあしつけも良く出来た犬たちが多かったのですが、その中でもひときわ目立つゴールデンレトリバーがいました。

飼い主の名前は田村《たむら》さんと言い、犬の名前はロクと言いました。田村さんは60歳ぐらいの男性で、1人で参加していました。

　ロクは誰が見ても素晴らしい犬でした。体型は男の子らしくガッチリし、きりっとした立ち姿も立派なゴールデンレトリバーでした。特にゴールデンレトリバーの最大の特徴である美しく金色に輝く被毛《ひもう》は気品に満ち、周囲の犬をも圧倒していました。お行儀も素晴らしく、いつでも田村さんの横にキチッと座り、田村さんが何か小声で言うだけで、すぐにその行動を取りました。「スワレ」や「フセ」「マテ」などは完璧《かんぺき》でした。なにより、たくさんの犬がいる中で、他の犬などまるで眼中になく、品もよく、おとなしく、ひたすら田村さんの顔だけを見つめていました。

　参加した飼い主さんたちも次第に田村さんとロクの素晴らしさに「凄《すご》い子ね～」などとささやきはじめました。交流会では、愛犬と一緒のゲームなどの遊びの他に、しつけ教室も行いました。田村さんもしつけ教室に参加していましたが、その必要はまったくありませんでした。

　交流会に参加する方の目的の多くは、愛犬の行動に問題を抱えていたり、しつけを教わりたかったり、人混み、犬混みの中でもおとなしくしていられるコツを体験させたいというものでした。しかし、ロクには、どれもまったく必要がありませんでした。主催しているわたしにも、なぜ田村さんが交流会に来たのか、なにが目的なのかは、まったく分かりませんでした。

夕方になり、交流会も終わり、後片付けをしている時でした。突然、その田村さんが照れくさそうに話しかけてきました。

「ちょっとお願いがあるのですが……」

一瞬、わたしはとまどいました。もしかしたら、わたしたちの指導していたしつけ方法へのクレームかと思ったのです。

「はい、なんでしょうか」

田村さんのお願いはまったく意外なものでした。

「実は、仕事を定年で辞めて、それからこの子と日本中を旅するのが夢だったのですが……もし、おじゃまでなかったら、地方に行くときに誘っていただけないでしょうか。1人で行くのも寂しいので……。ご迷惑はおかけしませんから……」

思いがけないお誘いにびっくりしましたが、断る理由もありません。

「はい、いいですけど……」

その場はそこまでで別れました。

次にお会いしたのは、その1ヶ月後でした。関西でのイベントでしたが、出発する3日前に電話があったのです。

「今週末は関西ですよね。行ってもいいですか？　車も長距離用のものに買い替えたんですよ」

本当に来るんだぁ、暇なのかな、と思いましたが、ロクもいい子でしたし、田村さんもいい人らしく思えたので、承諾し、現地で待ち合わせをすることにしました。

当日の早朝、イベント会場で準備をしていると、田村さんはニコニコ笑いながらやってきました。

「本当に来たんですね」

わたしがそう言うと、田村さんは嬉《うれ》しそうに言いました。

「待ちきれなくて、昨日のうちに着いちゃったんですよ。本場のたこ焼きは美味《おい》しいですね」

せっかくロクが来てくれたので、その日のイベント内でのしつけ教室では、デモンストレーションを田村さんとロクに任せました。

それから約2年間、田村さんは全国各地で行うイベントや教室のたびに電話をくださり、しまいには出発から解散まで一緒に旅をしました。一緒に地方の名物を食べたり、観光をしたり、温泉巡りもしました。我が家の愛犬との相性も良かったらしく、海も川も高原も一緒に散歩し、一緒に遊びました。時にはテントや車中で泊まったこともありました。もちろんイベントの中のしつけ教室では、その見事な訓練の出来を披露してくださり、参加者から多くの称賛も受けました。

一緒に活動をし始めてから分かったのですが、ロクと田村さんは、関東では有名なコンビでした。ほとんどの服従訓練競技会で優勝し、アマチュアでありながら、プロ以上に、もう取る賞状はないとまで言われたほどの、訓練業界では知る人ぞ知る有名コンビだったのです。

交流会のお手伝いをしてくださるだけでなく、見事な訓練演目を多くの人に見てもらえることで、わたしはとても感謝し喜びました。ですが、なぜそんな有名な犬と飼い主さんが、あえて自費でボランティア活動のような交流会に来てくれるのか、いくら旅行が好きだとしても、若干の疑問もずっともっていました。

そしてしばらく一緒に旅をしているうちに、小さな問題がおきてきたのです。

当時のわたしはラブラドールレトリバーという、田村さんのゴールデンレトリバーと同じぐらいの大きさの犬を飼っており、旅行にも必ず連れて歩いていました。もちろん田村さんとの出会いだった二子玉川の交流会にも一緒に連れていっていました。一応のしつけは教えてあり、ロクがお手伝いに来るようになるまでは、しつけ教室のデモ犬にも使っていました。しかし、ロクのキビキビした素晴らしい動きにはとてもとてもかなわないので、ロクが来てからはほとんどのデモをロクに頼んでいました。

我が家の犬は生活に関する必要なことはすべて教えてあるものの、訓練としてはとても良い成績が残せるようなレベルではなく、「コイ」と言っても、ゆっくりと歩いてくる程度で、ロクのように一直線に走ってくるような犬ではありませんでした。唯一の得意技は甘えたい時の要領の良さでした。ちょっとでも目が合うと、今だとばかりに膝《ひざ》の上を狙ってきます。

それを見ていた田村さんは、いつも「いいなぁ、いいなぁ」と言っていましたが、お世辞だろうと思い、その真意をわたしは感じていませんでした。誰が見てもロクの方が数段優秀な犬であることははっきりしていたのです。

ところが、一緒に旅し、一緒に遊んでいるうちに、その優秀犬ロクの動きが少しずつ緩慢になっていったのです。我が家の犬を見習ってしまったのか、呼んでも以前のように飛んではこなくなっていきました。「オスワリ」と言えば、以前はスッと一瞬で座っていたのですが、次第に「はいはい、よっこらしょ」といった座り方になってきました。

「すみませんね。我が家ののんびりした暮らしがうつっちゃったかもしれませんね」

わたしが謝ると、田村さんはニコニコしながら言うだけです。

「いやいや、いいですよ」

まるで、すぐに言うことを聞かなくなってきたことが嬉しいようでもありました。不思議に思いましたが、一緒に来てくれるからには、特に不満ではないのだろうと、それ以上の質問はしませんでした。


その答えを知ったのは、出会いから2年ほどたってからでした。

突然、夜遅くに田村さんから電話がありました。電話の向こうの声は、普段の冷静で落ち着いた田村さんではなく、別人と思うほど興奮していました。

「今、ロクが、ロクがですね……」

上ずった声でした。とっさにわたしはロクが事故にあったか病気になったのかと思いました。しかし、その心配は逆でした。

「ロクが甘えたんです。今、今、わたしの膝の上で寝てるんです」

犬が甘えるのは普通です。我が家の犬はいつでも膝の上を狙っています。

「はぁ？？？」

なにがなんだか分からずにいるわたしに、田村さんは嬉しそうに続けました。

「4歳ですよ。4歳ではじめて甘えてくれたんですよ」

そういえば、付き合いだしてから2年。一緒に旅をし、一緒に遊びましたが、田村さんの膝の上でロクが寝ている姿を見たことがありませんでした。車の中で眠る時も我が家の犬はわたしたちにピッタリ寄り添って寝ていますが、ロクは田村さんの足下にいました。いつも田村さんの横にいましたが、体を預けたり、お腹を出して甘えている姿は見たことがなかったことを思い出しました。

田村さんは言いました。

「夢だったんですよ」

興奮した声で続けます。

「犬を飼い始めた時から、こうして愛犬と一緒に寝たいと思っていました。いくら訓練してもダメだったんです。言うことはきくんですが、決して甘えようとはしなかったんです。それが……それが……今……」

田村さんは言葉に詰まりました。

「……ありがとう」

泣きそうな声でそう言い残すと、田村さんは電話を切りました。

私には「ありがとう」の意味がなんなのか分かりませんでした。


その次にお会いした時に、田村さんは今までのすべての気持ちを話してくださいました。それでやっと、長年の謎がとけたのです。

「2年前の二子玉川の交流会で、三浦さんのそばで伸び伸びと楽しそうに遊んでいるラブラドールの姿を見て、わたしは衝撃を受けました。時にだらしない仕草もし、時に笑わせ、時に甘えん坊になる姿に、ロクにはないなにかを感じたのです。わたしは犬のしつけに夢中になり、しつけの本を読みあさり、毎日何時間も訓練をし、競技会に出て表彰され、世間に自慢できる愛犬に育てたことに満足はしていたつもりでしたが、ロクの本当の心を見ていないことに気づかされたんです。ロクは自分のしたいことをいっさい主張しません。ロクの本当の心がどこにあるのか、なにを考え、なにに不満を感じているのか、分からなくなったのです。優秀な犬に育てたつもりでいましたが、心が通じあっていないことに気がついたのです」

田村さんは、しみじみ続けました。

「いくら厳しく訓練をして、命令通りに動く犬にしたとしても、心はつながらないものですね。時に孤独を愛し、時には寂しがり、時にわがままで、時におっちょこちょいで、時にいい子で、時に自分で考え、時に羽目をはずし、時に必死に我慢し、そしていつでも甘えたがっている犬と生きることこそが、一緒に暮らすということだと思うんです。わたしは、犬に対して訓練こそ完璧《かんぺき》にしてきましたが、心のつながりを忘れていました。二子玉川で受けた衝撃は、それまでの自分の犬の育て方を覆されるものだったのです。だからわたしは、三浦さんの旅についていくことを、迷うことなくその場で決断しました。その旅は、どうしたら一緒に暮らせるのだろう、どうしたら自由奔放に甘えてくれるのだろう、どうしたら心を開いて話しかけてくれるのだろうと、ロクの心を知る旅だったのです」

心の旅から2年がたち、先日、ロクがはじめて自分から田村さんの膝の上に頭を置いてくれたというのです。最初は恐る恐るだったそうです。やや遠慮がちに、ややすまなそうに、自分からやって来たそうです。ロクははじめて、ちょっと不器用ながら、田村さんの指示や命令なしに、自分の意志で、自分の心を表現したのです。

田村さんの喜びは、まるで人間の我が子がはじめて、「パパ、ママ」と声にした時と同じぐらい大きかったそうです。

その後も、数年、ロクと田村さんはわたしたちと一緒に旅をしました。見ていて、明らかに変わったのは、田村さんの表情と言葉でした。田村さんの口から命令調の言葉がなくなり、普通の子どもに語りかけるような話し言葉になりました。「フセ！」は、「寝てれば……」に変わり、「コイ！」は、「おいで～」に変わりました。

なにより一番変わったのは、散歩の時間です。

以前のロクは、田村さんの隣にピタッとつき、軍隊のように早足で歩いていたものです。それが今ではまるで違います。にこやかに愛犬を見つめ、時に話しかける田村さんのそばで、自由に土や風の匂いを嗅《か》いだり、走ったり止まったりしながら、伸び伸びと楽しそうに歩くロクの姿がありました。

昔のように、誰もが感心する訓練の風景ではありません。しかし、誰が見ても、それは1人と1頭が一緒に生きていることを共有し、心がつながっている幸せな時間に見えました。田村さんが求め続けていたのは、こういう時間だったのです。

その後、ロクも年老いたので一緒に旅する機会はなくなりました。

知り合いに聞いた話では、田村さんは毎日、愛犬ロクに何かブツブツと話しかけなのんびりゆっくり笑顔で散歩しているそうです。ロクは、ウロウロし、自由に風や土の匂いを嗅ぎながら、たまに田村さんの顔を嬉しそうに見上げ、一緒に歩いていたそうです。田村さんが公園のベンチに腰掛けると、顎《あご》を膝《ひざ》の上にのせて甘えるロクの姿があったそうです。

第8話　白い小さな犬

「ペットショップにだまされました！　どうしたらいいでしょう？　訴えることは出来るでしょうか？」

相川《あいかわ》さんからの最初の電話は、こんな物騒な相談からでした。

もう3年前の話です。


相川さんの家は、電気関係の中堅企業で働くご主人と、近くのスーパーにパート勤務している奥さんの2人家族でした。5年前に結婚し、いつかはマイホームを持つことを夢に、2人でコツコツ働き、慎《つつ》ましい生活をしていました。月に数万円ずつではありますが、積立預金をしていました。

2人とも子どもは好きでしたが、マイホームを持って、経済的に楽になってからつくろうと話し合い、仕事に精を出す毎日でした。マイホームのためにと旅行はおろか、外食すら我慢する生活でした。

そんな生活でしたが、あと数年で目標額に達するところまで来て、精神的にも少し余裕が出てきていました。

ある日、2人はたまたま出かけたホームセンターの中にあるペットショップで、白い小さな犬を見つけました。その子犬は、白いムクムクの毛に包まれ、ぬいぐるみのような愛らしさでした。黒い大きなまん丸の目は、くるくるとよく動き、ピョコピョコ歩く姿は、ぜんまい仕掛けのおもちゃのようでした。あまりの動きの可愛さに、2人は小一時間も見とれていました。

家に帰ってからもその可愛さが目に焼き付いて忘れられません。マイホームを目標にすべての娯楽を我慢して、数年間働き続けた疲れがあったのかもしれません。

最初は奥さんから切り出しました。

「ねぇ、あの犬、飼ってもいいかなぁ」

奥さんが日々我慢しながら長年生活していたことを分かっていたご主人は、反対できませんでした。

「そうだなぁ。犬のエサ代ぐらいなら、なんとかなるなぁ。もう、だいぶ貯金も貯まってるし……」

相川さんの住むマンションは、幸いペット同居可の8階建ての賃貸マンションでした。エレベーター内への犬の乗り込みは禁止されていましたが、階段と廊下は自由に歩くことが出来ました。犬を飼っている家庭は多く、よくマンションの入り口や階段で可愛い犬とすれ違っていました。相川さんはご夫婦ともに犬が大好きでしたので、同じマンションに住む犬を見ては、いつもうらやましいと思っていました。しかし、昨日見た小さな犬は、同じマンションに住むどの犬よりも可愛く印象的でした。

「明日は日曜日だし、もう一度、お店に行って、詳しい話を聞いてみよう」

結論は翌日に延ばして、その日は寝ました。

翌日、朝食もそこそこにペットショップに出かけました。

白い子犬は、昨日と同じようにウィンドウの中でピョコピョコ楽しそうに歩いていました。しばらくその動きを見ていると、若い女性店員が来て「出しましょうか？」と、相川さんの返事も待たずにケースをあけてくれました。

「はい、どうぞ」

店員はその犬を抱きかかえると、そのまま相川さんの腕に抱かせました。

抱いてみると、フワフワの毛は予想以上に柔らかく、厚い綺麗《きれい》な毛布のようでした。毛の少ない下腹はピンクでぷよぷよしていて、暖かい手触りがなんとも言えません。はじめて相川さんに抱かれても、嫌がるどころか全身の力を抜いて、その腕にもたれかかってきます。相川さんはこの気持ちのいい感触をひとり占めにはできないと思い、その犬を奥さんに差し出しました。

受け取った奥さんは、まるで自分の赤ちゃんを抱えるように大切に抱き、ほほえんでいます。この数年で、こんなに嬉《うれ》しそうで穏やかな表情の奥さんを見るのははじめてでした。マイホームのためとはいえ、奥さんに今まで我慢させていたことを改めて実感し、すまない気持ちにもなりました。

奥さんはひと言も口には出しませんが、飼いたいという気持ちはひしひしと伝わってきます。

相川さんは、飼おうと心に決めました。

その前に確認をと思い、女性店員に切り出しました。

まずは、マンションで飼えるかどうかです。

「マンションでも飼えますか？」

「ペット同居可のマンションでしたら大丈夫ですよ」

店員は、ニコニコしながら答えました。

次は、大きさです。

「この犬は小さいですか？」

「はい。小さいですよ」

最後に、肝心なエサ代の心配です。

「エサはどのくらい食べますか？」

「少しですよ。小皿に1杯ぐらいですね」

決まりでした。

店員が答えるたびに、子犬を抱いている奥さんは、ますます幸せそうな顔になります。その顔を見れば、もう相談の必要はありませんでした。

2人はその場で犬を買い、首輪やペットフード、シーツなど必要な用具も揃えてもらって、自宅に連れて帰りました。


しかし、小さくて可愛いと感じたのは、最初の1ヶ月だけでした。

子犬はみるみる大きくなり、あっという間にマンション内にいるどの犬よりも大きくなりました。マンションでも飼える小さな犬のはずでした。ところが、まだ生後4ヶ月程度だというのに、すでに10キロは超えています。

騙《だま》されたと思った相川さんは、たまたまお悩み相談を受けていたわたしに電話してきたのです。

「マンションでも飼える小さい犬と聞いて飼ったのに……こんなにすぐに大きくなる

なんて。おかしいですよね。だまされたのでしょうか。それともご飯のあげすぎなんでしょうか？」

立て続けに質問をぶつけてくる相川さんに、わたしはその犬の種類を聞いてみました。

「犬種はなんだったんですか？」

相川さんは、実は犬種はあまり覚えていませんでした。

「え〜と、あまり聞かない犬で……確か、ピレンとか、ピレネンとか書いてあったように覚えています」

もしかしてと思い、聞いてみました。

「まさか、ピレネーですか？　正式名は、グレートピレニアンマウンテンドッグ」

「あっ、そんな名前でした」

グレートピレニアンマウンテンドッグは超大型犬の一種で、体重は60キロくらいになります。大きな犬では80キロになることもあります。4ヶ月で10キロは当然で、まだまだ大きくなるのです。

わたしは、なんで……と思いながら、そのことを相川さんに伝えました。購入時の会話を詳しく聞いていくうちに、相川さんも店員への質問が失敗だったことに気がつきました。

「マンションでも飼えますか？」は、「マンションでも飼えるぐらいの大きさの犬種ですか？」と、聞くべきでした。

「この犬は小さいですか？」は、「この犬は成犬になっても小さいですか？」と、聞くべきでした。子犬が小さいのは、当たり前です。

「エサはどのくらい食べますか？」は、「成犬になった時にはどのくらい食べますか？」と、聞くべきだったのです。

時すでに遅しでした。犬の可愛さと奥さんの幸せそうな無言の承諾に浮かれ、慎重さに欠けました。自分の言葉の少なさを悔やんでももう遅いのです。

白い小さな犬は、実は白い超大型犬であることが分かりました。サイズはまったく逆でしたが、黒い大きな目の可愛さは変わりません。結局、相川さん夫婦は、店に文句を言うことは諦《あきら》め、飼い続けることにしました。

もともと犬が好きだったご夫婦は、覚悟を決めたのか、その犬を大切に育てることにしました。その日から、相川さん夫婦の大格闘が始まりました。

子犬はすぐに20キロを超えました。しかも毎日どんどん大きくなっています。ショップで買ったエサ入れも水飲みもあっという間に使えなくなりました。バケツほどもある容器でちょうどいいくらいの大きさです。食欲はすさまじく、1日に500グラムは食べてしまいます。15キロの特大袋をふうふう言いながら買ってきても1ヶ月持ちませんでした。

最初の日に可愛いと買ったリードは、今では糸のようです。首輪は腕にも入らなくなりました。リードと首輪はわずか4ヶ月で4回、買い替えることになりました。散歩に行けば、走り出すのを止めるだけで精一杯。奥さんはリードを持つ左手が右手よりひとまわり太くなり、長さも2センチぐらい伸びました。

特に大変なのは、マンションの階段でした。入居規定で、エレベーターには乗れません。20キロを超える愛犬と共に、1日に2往復、階段を6階まで上り下りしなくてはなりません。学生時代の運動部の特訓のような毎日でした。

ちょっとでもひとりにするとテーブルの脚をかじるので、相川家の食卓テーブルの脚は、みるみるやせ細りました。あて木をあてて、なんとか立っている状態でした。

フワフワとした毛は、柔らかく気持ちがいいものでしたが、雨の日にちょっと外を歩いただけで真っ黒に染まり、そのたびに洗わなければなりませんでした。しかも1回シャンプーするだけで、1本使いきってしまいます。マンションのお風呂《ふろ》場でのシャンプーは、犬が体を震わすたびに飛沫《しぶき》がシャワーのように降り注ぎます。冬でも水着を着てのシャンプーとなりました。バスタオルは1日に2枚ずつ洗濯しなければ追いつきません。

声も次第に大きくなりました。外の廊下を通る足音を怖がって吠《ほ》えるとマンション中に響き渡るようになりました。近所の迷惑になってはと思い、犬が吠えるたびに、頭ごと抱え込み口を押さえて我慢させました。夜中に起きてはいけないと思い、布団の中に入れて寝ました。結局、今まで使っていたダブルベッドでは狭くなり、床に布団を敷き詰めて寝るようにしました。何年もしたことのない、布団の上げ下げも日課になりました。

以前は居間にソファを置いて過ごしていましたが、狭いマンションの6畳の居間はソファと犬が一緒にくつろげるスペースはありませんでした。結局、犬を優先し、新婚時代から過ごしたソファを捨てました。2DKのマンションの部屋から大きな家具はすべてなくなり、その代わり居間には大きな犬がドカッと陣取りました。

予防注射やフィラリア予防は、小型犬の倍以上のお金がかかりました。毎月、貯めていた積立預金は続けられなくなり、解約しました。愛犬を長い時間ひとりに出来ないため、奥さんはパートを辞めました。2人で貯めた貯金もだんだん減るようになり、もともと質素だった2人の生活は、ますます質素になっていきました。

あの電話から3年。久しぶりに相川さんご夫婦に会う機会に恵まれました。白い大きな愛犬を連れて会いにきた相川さんは、思いの外、幸せそうでした。すでに愛犬は65キロになっていました。

「いや〜、参りました。こんなに大きな犬だとは」

相川さんは、照れながら心境を語ってくれました。

「言葉が足らず、衝動買いしたことで大変な目に遭いましたが、今では良かったと思っています。ベッドはなくなりましたが、一緒に寝ていると下手な暖房器具より暖かいんですよ。テレビを見ている時は、この子に寄りかかっているとソファより居心地最高ですし。体力もつきました。今ではわたしも家内も階段で楽々6階まで上がれるんですから。この3年間、風邪をひいたこともありません」

相川さんは嬉《うれ》しそうに続けます。

「この子がいる限り、マイホームはしばらくお預けですが、2人で話し合って、近いうちに子どもをつくろうと思っています。以前は、家やお金がなくては子どもを育てられないと思いこんでいましたが、この子のおかげで子育てはお金や家の広さでないことが分かりました。最近ではしっかりとした愛情があれば、ちゃんと育てられると思えるんです」

そして、しみじみとした口調で続けました。

「愛していれば、どんな苦労も楽しく思えるものですね。こんな大きな犬を飼って良かったと思っています。苦労した分だけ、愛情の深さを実感することが出来ました。以前の暮らしでは気がつきませんでした。マイホームを夢見るあまり、妻の笑顔や日々の幸せなど、一番大切なものを忘れていました。それを教えてくれたのは、この子でした。今では、毎日の幸せがこの子のおかげと感謝しています」

相川さんは大きな犬の白い毛をやさしくなでました。白い大きな犬は気持ちよさそうにしています。

相川さんはぽつりと言いました。

「まだまだ、もっと大きくなってもいいと思っているんですよ」

第9話　漁師町の犬

わたしがその小さな村を訪れたのは、春早い時期のお昼を少し過ぎた頃でした。
三重県に鳥羽《とば》というところがあります。伊勢《いせ》湾に面した海と山が美しい観光地で、入り組んだ半島の先々には海鮮料理と温泉を売りにした豪華なホテルが立ち並んでいます。そんな一大リゾート地である鳥羽から海沿いに車で40分ほど走ったところにある、小さな村に行った時の話です。

特にその村に用事があったわけではありません。鳥羽から車で、紀伊《きい》半島の突端近くの太地町《たいじちょう》という町に住む友人を訪ねる途中でした。待ち合わせは夜でしたので、このまままっすぐ向かうと早く着きすぎると思い、しばらく海岸で釣りでもしながら時間をつぶそうと思いました。どうせのんびり釣り糸をたれるなら、人混みの多い鳥羽周辺より、寂れた漁港がいいだろうと思い、国道からいかにも人が行きづらい道を下りてみたのです。

その村に行くためには、国道からそれて、車がすれ違えないほど狭く曲がりくねった坂を10分ほど下ります。村に続く道は、この1本しかありません。村は60世帯ほどの集落で、ほとんどの家が漁で生計を立てているようでした。店らしい店はなく、船着き場のはずれに食堂が1軒だけ、ひっそりと建っています。港には、漁船が数艘《そう》泊まっており、岸壁の近くには魚を干す板が何枚も立てかけてありました。

さて、どこで釣りをするかと岸壁あたりをウロウロしていた時でした。漁港の入り口の方から、ポンポンと音を立てて、漁船が1艘港に入ってきました。朝早くに漁に出た船が、戻ってきたようです。だんだん近づくにつれ、操縦席にいる漁師さんの顔が見えてきました。その人は、50歳ぐらいで頭にはタオルを巻き、顔は日に焼け、いかにも漁師といった風貌《ふうぼう》でした。

いつのまにか港の岸壁に黒い中型の犬が1頭、座っているのに気がつきました。体重は20キロぐらいの雑種です。特に首輪もなく、近くを見渡しても飼い主らしき人影は見えません。どこから来たのかも分かりません。足音も聞こえず、気配も感じませんでした。その犬は、見知らぬよそ者であるわたしなど全く眼中にないらしく、ひたすら戻りつつある船を見続けています。

船が岸壁に着く頃になると、漁師さんは係留のために太いロープを持ち、忙しそうに船の上を行ったり来たりしだしました。それを見た黒い犬は、立ち上がり嬉《うれ》しそうに尾っぽを振りはじめました。どうやら、その漁師さんの愛犬のようでした。

漁師さんは、船をつなぎ、ホイッと陸に上がると、犬に声をかけました。

「やぁ、ただいま!」

そして、そばで見ていたよそ者のわたしに気がつくと、不信感をあらわにしたような目つきでわたしをジロッと見ました。

わたしはとりあえず、なにか言わなくてはと思い、声をかけました。

「利口そうな、いい犬ですね」

「ああ」

漁師さんは、ひと言だけ答え、歩き始めました。

黒い犬は、飼い主である漁師さんのあとを嬉しそうについていきます。

漁師さんの目的地は、港のはずれにあるたった1軒の食堂でした。

「おーい」

漁師さんは、声をかけると、ガラガラと今にもはずれそうな古い木製の扉を開け、中に入っていきました。急いでいるのか、扉は開けっぱなしでした。

その食堂は、60歳ぐらいの女将《おかみ》さんが1人で切り盛りしているようでした。漁師さんは、慣れた口調で「ビール、ビール」と、言いました。

きっと毎日、同じ時間に同じ注文をするのでしょう。漁師さんがビールを注文する前に、女将さんはビールの栓を抜き始めていました。

犬はというと、店の入り口の石のタタキのところでオスワリをし、中を見ています。扉は開けられたままです。そういえば、店に入る時、漁師さんは愛犬になにひとつ指示をしませんでした。普通であれば、「スワレ」とか、「マテ」とか言うところです。

わたしは釣りをすることも忘れて、店の入り口で見事に正座している犬を見ていました。こんなにキリッとしたオスワリとマテは、訓練競技会でもあまり見かけません。それほど気品に満ちた立派な姿勢でした。背筋を伸ばし、首をあげ、目は一直線に店の中の飼い主さんを見ています。開いている扉から、いつでも入れそうなのに、その一線を一歩も越えようとしません。

（慣れたもんだなぁ）

わたしは感心しながら、少し嬉《うれ》しくも思い、その立派なオスワリに見とれていました。

（ちゃんと犬をしつけているんだ。偉いなぁ）

そしてどうやってしつけているのか、知りたいと思い、飼い主である漁師さんに話を聞きたくなりました。しかし、店はよそ者のわたしが入れるような雰囲気ではありませんでした。幸い、時間はたっぷりあります。出てきた時にでも話してみようと思い、待つことにしました。

ちょうど午前中の漁が終わったのか、次々に港に船が帰ってきました。1艘の船から1人ずつ、やはり頭にタオルを巻いた漁師さんが下りてきます。陸に上がった漁師さんは、さきほどの漁師さんと同じように、船をつなぐとすぐに、その店にまっすぐやってきます。

わたしが再び驚いたのは、2人目の漁師さんが店の前まで来た時でした。店の扉の前に陣取っていた黒い犬は、2人目の漁師さんが2メートルぐらいのところまで来た時に、まるで「どうぞ」とばかりにその場を立ち上がり、入り口から離れたのです。

2人目の漁師さんが店に入り終わると、すぐに元の位置に戻り、キチンとオスワリをしています。3人目も、4人目も、同じように、客が来るたびに通路をあけ、客が入ると元に戻ります。

(凄《すご》いなぁ)

驚いたわたしは、ますます最初の飼い主さんと話をしてみたくなり、しばらく待つことにしました。

やがて、ビールを飲み終えた飼い主と思われる漁師さんが店から出てきました。自分の船に戻り今朝の獲物を下ろすようでした。黒い犬は、また漁師さんのあとを5メートルぐらいの距離を保ちながらついていきました。わたしもなかなかきっかけをつかめず、黒い犬のうしろからついていきました。

港はいつのまにか、にぎやかになっていました。たくさんの船が岸壁につながれており、奥さんらしき人たちがワイワイ、荷下ろしをしています。干してあった魚の干物をカゴに詰めている人もいます。

その漁師さんが船に飛び乗り、船内のイケスから網で今日の獲物をすくいだした時でした。近くにいた黒い犬が、干してあった干物をパクッと食べました。ちょうどカゴ詰めをしていた女性のすぐ横です。

わたしは、思わず「あっ」と声を出してしまいました。当然、その犬は怒られるか、追い払われるだろうと思いました。

しかし、わたしの予想は見事に裏切られたのです。女性は、何事もなかったように干物のカゴ詰めを続けています。目の前の出来事です。気がつかないはずはありません。ところが、女性は叱るどころか、声のひとつもあげず、もくもくとカゴ詰め作業を続けています。

(いいんだろうか)

わたしは不思議に思いながら、港で働く人たちと黒い犬をずっと見ていました。周りを見渡すと、その狭い港の桟橋近くには、黒い犬だけでなく、白い小さな犬や茶色の大きな犬など、大小十数頭の犬が見え隠れしていました。どこにこんなにいたのでしょうか。船が港に着くのを待って、ぞくぞくと集まってきたのでしょうか。

よく見ていると、そのうちの何頭かは、黒い犬と同じように、干してある干物をパクパク食べています。しかも、そばにいる人たちは、やはり何事もないように知らん顔をしているのです。

さらにその時、そのうちの1頭が岸壁のコンクリートの上でウンチをしました。近くには、干物もありますし、人も通るところです。飼い主はどこ？　と見回しましたが、それらしき人影はありません。

すると、一番近くにいた漁師さんが、木のかけらを手にとると、そのウンチをすくってそのまま海に投げ捨てました。嫌そうな顔もせず、声も発せず、なんの感情も見せずに、当たり前のように海に捨てたのでした。

（いったいこの村はどうなっているんだろう。なんの感情もない人たちなのだろうか？）

日頃、都会でしつけ教室を開き、マナーについて教えているわたしにとって、この村は異空間でした。

もうひとつ、不思議だったことがあります。何頭もの犬が現れてはどこかに消え、また違う犬たちが現れては消えました。おそらく延べの数から見れば、この村には30頭を超える犬がいるようです。にもかかわらず、港でも、食堂の前でも、道でも、犬同士の喧嘩《けんか》がまったくないのです。

相性はあるようで、大きな強そうな犬が近づくと道を空けたりはしているようですが、喧嘩は起きません。なにか大きな秩序が村全体に働いていて、そのルールに従って村の平和が守られているように思えました。

やっと最初の漁師さんの荷下ろしが終わったようでした。船の上で、たばこに火をつけ、休憩をはじめました。今ならと思い、気になっていたことを知るために、話しかけてみました。

「あの～」

仕事が終わったせいか、ビールを飲み終わったせいか、1時間以上その港でウロウロしているわたしを見慣れたのか、船から下りてきた時の厳しい表情ではありませんでした。黒い犬も船のすぐ近くで相変わらずウロウロしています。

「その黒い犬ですが……さっき店の前で、店に入らずに、じっとおとなしく待っていましたよね。どうやって教えたのですか？」

漁師さんは答えず、黙っています。

「しかも、人が来ると必ず入り口を空けて、人が通るとまた元の位置に戻っていましたね。あれは、どうやって教えたのですか？」

漁師さんはひと言もしゃべりません。

「たくさんの犬が干物を盗んで食べていましたが、どうして誰も怒らないのですか？」

漁師さんは、何も話しません。といって、機嫌が悪いようにも見えません。ただ、たばこを吹かしながら沖を見ています。質問を変えてみようかと思い、口を開きかけた時でした。いきなり、漁師さんが振り返って言いました。

「ごちゃごちゃ、うるさいなあ。だいたいその犬は、俺の犬じゃないし。どこの家の犬かもしらねぇよ」

まったく予想もしていない答えでした。

「この辺の犬は、みんなそうだぜ。誰もしつけなんかしないし、誰の犬かも分からない。分かっているのは、この村に生まれて、この村に住んでいる、この村の住人だってことだけさ」

漁師さんはぽかんとしているわたしを尻目《しりめ》に話を続けます。

「干物を盗《と》ろうが、ウンチをしようが、村人だからな。俺たちだってお腹がすけば目の前の食べ物を食べるし、ウンチもしたくなればするわな。当たり前のこった。怒る理由がないだろうが」

一気に話し終えると、漁師さんは次のたばこに火をつけました。なんて馬鹿なことを聞くよそ者だと言わんばかりに、再び沖を見つめて黙りこくってしまいました。

意外な言葉に驚き、改めて周囲を見渡してみました。

そしてもう一度驚きました。

岸壁にいる十数頭の犬は、1頭たりとも首輪もリードもつけていないのです。勝手に生活し、勝手に干物を食べ、勝手にウンチをして暮らしているのです。しかも、他の犬と喧嘩することもなく、人を咬《か》むどころか、村人に警戒心さえ持っていません。そういえば、よそ者であるわたしを見ても、どの犬も吠《ほ》えることはありませんでした。みなが平和に自由に暮らしているのです。ここでは、誰が飼い主で誰の犬なのかはまったく意味のないことのようでした。大事なのは、村の犬かどうかだけなのでした。

夕方になり、わたしはその村を離れました。国道に続くただ1本の道を登っていきました。登り切る直前の少し道が広くなったところで、車を止め、眼下に見えるその小さな村を見下ろしてみました。

その村は、一方を海、そして残りの三方を急な山で囲まれていました。他の町や村から隔離され、数十の家族と数十の犬が自由に、お互いに譲り合いながら、暮らしている村でした。マナーもしつけもこの村には無縁でした。生まれてから死ぬまで、誰にもいじめられず、誰にも怒られず、緩やかな秩序を保ち、人と犬が適度な距離感を持ちながら、自然に暮らしている村でした。

まるでタイムマシンに乗って、未来の理想の町から帰還したような気がしました。

当時、わたしは人間社会で犬が人に迷惑をかけずに暮らすためには、なにをどうしつければいいか、どうすればより良い関係が築けるか、そんなことをいつも考えていたのです。しかし、この村を訪れて、その考えは大きく変わりました。共存とは、犬だけになにかを教えるのではなく、一緒に暮らす人側も学ばなければならないことだと、強く思うようになりました。

あれから十数年が経ちました。もしかすると、あの村も変わってしまったかもしれません。しかし、あの時、漁師さんがボソッと言ったひと言は、未だに脳裏に焼きついて、忘れることは出来ません。

「誰もしつけなんかしないし、誰の犬かも分からない。分かっているのは、この村に生まれて、この村に住んでいる、この村の住人だってことだけさ」

第10話　命の犬

島村《しまむら》さんは当時24歳。公務員の父と専業主婦の母と共に福岡で暮らしていました。九州の私立大学を卒業し、大手商社の福岡支店に就職し、仕事に遊びにと楽しい毎日を過ごしていました。

神戸に住む祖父が88歳となり、米寿の祝いをするために1月の土日を利用して両親と共に神戸に向かうことになりました。1月15日に新幹線で神戸につき、祖父の家に向かいました。祖父の家は芦屋《あしや》という所にありました。芦屋は、六甲山《ろっこうさん》の麓《ふもと》に広がる南に面した高台で、昔から関西の高級住宅地として有名な地域です。

15日は祖父の家に泊まりました。祖父は犬が大好きで、シーズーのモモという犬と暮らしていました。島村さんも犬は好きでしたが、福岡の家はマンションで、飼うことは出来ないでいました。モモは、島村さんがまだ大学生の時に一度会ったきりでしたが、しっかり覚えていたらしく、土曜日に島村さん一家が到着すると玄関で大歓迎し、その後も島村さんと祖父の膝《ひざ》の上を行ったりきたりして甘えていました。

16日の午後に関西に住む親戚《しんせき》一同が集まり、米寿のお祝い会をしました。にぎやかな宴は、夕方にお開きとなりました。親戚は、三々五々帰路についていきました。島村さん一家もその日の新幹線で福岡に戻る予定でした。

親戚が帰ってから、島村さんは両親に言いました。

「ねぇ、もう1泊していかない」

しかし両親は、あまり乗り気ではありませんでした。

「お父さんは明日もお休みとっているからいいけど、あなたは仕事大丈夫なの？　まだ勤めて間がないんだから、ちゃんと出社した方がいいんじゃない」

祖父の家を離れがたい島村さんは食い下がりました。

「大丈夫、大丈夫、今はそんなに忙しくないし。明日の朝に電話するわ」

そして祖父も味方につけて頼みました。

「ねぇ、おじいちゃん、いいわよね」

可愛い孫が少しでも長くいてくれることに反対するはずはありません。祖父も喜んで賛成してくれました。

「たまに来たんだ。ゆっくりしていきなさい」

反対していた両親も、娘と祖父の押しに負けて、渋々ながらもう1泊することにしました。その夜は、1階の寝室に祖父、隣の客間に両親が寝ました。

島村さんは、どうしてもモモと一緒にいたくて、居間のソファでモモと一緒に寝ました。犬が好きでもマンションで飼えない島村さんは、一緒に寝ているモモのフワフワと柔らかく温かい感触を思う存分楽しみながら寝ました。

明け方、一緒に寝ていたモモが急に起きて、ソワソワし始めました。島村さんは、オシッコかなと思い、眠い目をこすりながら、上着を羽織り、居間のガラス戸から庭にモモを出しました。

モモは庭に出ると、オシッコはせず、ただただ暗い空を見ながら、くぅーん、くぅーんと鳴いています。なにかいるの？ と思い、島村さんも庭に出てみました。

その時です。

ドドーン！！！

轟音《ごうおん》と共に、地面が激しく下から持ち上がりました。

揺れたというより突き上げられたといった感じでした。

急激な振動に、島村さんは思わず転び、地面に倒れました。

次の瞬間、建物が島村さんの上に覆い被さってきました。

平成7年1月17日、午前5時46分。

阪神《はんしん》・淡路《あわじ》大震災の最初の振動でした。

どのくらい気を失っていたかわかりません。島村さんが気づいた時は、真っ暗な瓦《が》礫《れき》の中でした。木材やコンクリートのかけらで囲まれた狭い空間の中でした。家具かなにかが倒れかかった木材を支え、かろうじて空いた三角のわずかな隙間の中に島村さんはいました。上の方にかすかに明るい光が、点のように見えていました。

意識が戻った島村さんは、ようやく地震だということに気がつきました。とてつもなく大きな地震でした。

「おじいちゃーん」

「おかあさーん」

「おとうさーん」

島村さんは暗い闇の中で、両親と祖父を何度も呼びましたが、返事はありません。

何回目かに大きな声を出した時、足下でゴソッとなにかが動く音がしました。

それはモモでした。白い毛は、埃《ほこり》と土で焦げ茶色になっていましたが、まぎれもなくモモでした。モモは細かく震えていました。手を伸ばそうとしましたが、なにかに挟まれて手は動きませんでした。

「モモちゃん、大丈夫？　頑張って」

島村さんは声をかけ続けました。モモはあまりの恐怖のせいか、声を出すことはありませんでした。ただモモの震えだけが、かすかに島村さんの足にも伝わってきました。震えていることで生きていることが分かりました。


それはこれまでに経験したことのない長い長い時間でした。

暗く、寒く、つらい時間でした。

孤独と震え、恐怖と絶望が代わる代わるに襲ってきました。

どのくらい時間が経ったのでしょうか。

上の方に見える小さな明るい点から、かすかに声が聞こえました。

「オーイ、オーイ、誰かいるかー」

島村さんは残された力を振り絞って、出来る限りの大きな声で叫びました。

「助けてー、ここにいるわー」

島村さんが近所の人に助け出されたのは6時間後のことでした。助け出された島村さんは、すぐに病院に運ばれました。奇跡的にケガは軽く、手の指の骨折だけでした。足下にいたモモも、そのあとすぐに助け出されました。モモはすすで真っ黒にはなっていましたが、ケガもなく元気でした。モモは隣の家の人が預かってくれることになりました。

両親と祖父が遺体で発見されたのは、その4時間後でした。病院でそのことを聞いた島村さんには、なにが起きたのか実感できず、悲しい気持ちさえ起きないほどでした。

翌日、退院し、歩いて芦屋の家を訪ねました。あちこちでまだ火災が起きており、町中が焦げ臭く、異様な臭いに包まれていました。美しい神戸の街は、跡形もなく破壊され、いつかテレビで見た空襲の跡のような景色でした。

2時間歩いて、崩れかかった坂を上り、やっとの思いで芦屋の家にたどりつきました。祖父が建てた立派な家は、跡形もなく崩れ、地面の上には瓦《かわら》の屋根だけが散乱していました。

瓦礫に向かって、手を合わせました。涙が止まりませんでした。悲しいというより、苦しいという感じでした。しばらく、瓦礫の前で泣いたあと、隣の家にいるはずのモモのことを思い出しました。

隣の家は、年老いたご夫婦が2人だけで住んでいました。ガレージと門柱が倒れてはいましたが、母屋《おもや》は健在だったため、避難所には行かずに、その家で暮らしていました。モモは島村さんの姿を見ると、玄関の奥から嬉《うれ》しそうに跳んできました。嬉しそうなモモを見て、島村さんはまた泣きました。家族はもう、誰もいません。生き残ったのは、自分とモモだけでした。

島村さんはモモを引き取り、1週間後に福岡の家に戻りました。島村さんのマンションはペットの飼育は禁止でした。でも、モモをひとりにすることはできませんでした。島村さんはモモのことが近所の人にばれないように、コッソリとモモを飼って暮らし始めました。

本当の悲しみが襲ってきたのは、それからでした。

「なぜ、自分だけが生き残ったのか」

「もう1泊しようと言い出したのは自分じゃないか」

「わたしが両親を殺したんだ」


毎日、毎日、自分を責める日が続きました。

連日、テレビで放映される地震のニュースをまともに見ることは出来ませんでした。「地震」という文字を見るたび、「地震」という言葉を聞くたびに、吐き気が襲ってきました。


福岡に戻って、2週間ほどたったある日、夜中に目を覚ました島村さんは、耐えられない悲しみに襲われました。目を閉じると、地震の前日の祖父や両親の笑顔が浮かび上がってきました。

気分を変えようと、ベランダに出ました。島村さんの部屋はマンションの8階にあります。夜空を見ているうちに、この苦しさから解放されるためには、死ねばいいんだと思い始めました。

今、このベランダから飛び降りれば、楽になれる……。

ベランダの柵《さく》の向こう側にはなにもありません。そのなにもない空間がすべてを忘れさせてくれる魅力的な無の世界に見えました。暗闇に吸い込まれるように、島村さんは、手をベランダのフェンスにかけ、身を乗り出そうとしました。

その時です。

ワン、ワン！……ワン、ワン！

部屋の奥から大きな声がしました。あの地震以来、ほとんど声を出さなかったモモが、初めて大きな声で吠《ほ》えたのです。

島村さんは我に返り、部屋の中を見ました。暗い部屋のベッドの上で、仁王立ちになったモモが、島村さんに向かい、目をギロギロ光らせて、まるで激しく怒っているように吠えていました。

その声に、島村さんはドキッとしました。

「今、わたしが死んだら、モモはどうなるんだろう。瓦礫《がれき》の下で、わたしと一緒に助け出されたモモは、またひとりになってさまようのだろうか」

そう思う心が、島村さんを冷静にさせました。

島村さんはモモを抱きしめ、朝まで泣き続けました。涙が出なくなれば、悲しみも減るかもしれないと思い、泣けなくなるまで泣き続けました。


次の日から、島村さんはモモのためだけに生きようと思いました。モモのためにペット同居可のマンションに引っ越しました。休日は、必ずモモと旅行に行ったり、洋服選びに街に出ました。お洒落《しゃれ》なドッグカフェにもたくさん行きました。毎日がモモのためだけにありました。

モモにも地震の後遺症があって、大きな音や救急車のサイレンを聞くと、体が固まり怖そうにします。しかし、普段は明るく、島村さんに思いっきり甘えてきました。たまになにかを思い出すのか、夜中に震えだすこともありましたが、島村さんが抱き寄せると、しばらくして震えは止まりました。

島村さんも相変わらず「地震」という言葉を聞くと気分が悪くなりましたが、そのたびに「モモだって、耐えているんだ」と思い、勇気を出して、乗り越えていきました。

やがて時が経ち、少しずつ島村さんは普通の暮らしに戻っていきました。悲しい記憶は消すことはできませんが、あれ以来、自殺を考えたことは一度もありませんでした。モモと2人だけでひっそりと寄り添って、助け合いながら暮らしました。

仕事も順調で、役職もつき、周囲にも島村さんがあの地震の被害者であることを知る人は少なくなりました。

そして平成17年1月、モモは島村さんに看取《みと》られて、静かに生涯を終えました。地震から10年の月日が経っていました。

モモが死んでからしばらくあとに、島村さんはこう語ってくれました。

「わたしが死んだら、モモがひとりぼっちになると思い、モモが死ぬまでは、モモのためにだけ生きようと思いました。あの地震以来しばらくは、わたしは毎日モモのことだけを考えて生きました。でも、今考えると、逆だったんです。わたしがモモの面倒を見ていたのではなく、モモがわたしを生かしてくれていたんです」

島村さんはモモを思い出し、かみしめるように言いました。

「モモも最愛のおじいちゃんを亡くして悲しかったと思います。暗い中でわたしと同じ時間閉じこめられ、怖かったと思います。モモが甘えてこなければ、みな前日に帰っていたかもしれません。わたしとモモはまったく同じ気持ち、同じ境遇だったんです。でも、モモは恐怖の中でも死のうとはしませんでした。それどころか、明るく甘えようとしていました。生きるということは、過去に引きずられることではなく、今この瞬間、瞬間を少しでも良い時間にし、幸せを感じようとすることだとモモに教えられました」

島村さんは最後に付け加えました。

「犬は利口です。恐怖も悲しみもしっかり覚えています。彼らは、それを強い愛情で乗り越えているのだと実感しました。人も犬も大きな悲しみの前では無力です。でも、愛する存在と愛してくれる存在がもしあれば、その苦しみを乗り越えるために、大きな力となるのです。だから、わたしもこれから、誰かを愛していけるような生き方をしていきたいと思います」

その後、ひさしぶりに会った島村さんは、仕事を続けながら休日には難病の子どもたちへの介護ボランティアをしていました。モモが教えてくれたことを、今度は他の人に伝えたいと思ったのが動機でした。それがモモの遺言だと思ったそうです。愛することで救える命があること。愛されることで生きていく力が生まれること。それはモモが無言で教えてくれたことでした。

島村さんは、嬉《うれ》しそうに定期入れから1枚の写真を取り出して見せてくれました。

「今は、モモとそっくりの白いシーズー犬と暮らしているんですよ。これがわたしの一番のお気に入りの写真なんです」

写真のシーズーは、ベッドの上で目を大きく見開き、まっすぐこちらを睨《にら》んで仁王立ちをしていました。あの日のモモのように……。

第11話　わたしを抱きしめて

浦野《うらの》さんは、可愛いラブラドールの女の子の犬といつも一緒でした。ヴィッキーという名前でした。静岡県の浜松《はままつ》市にある海岸沿いの町の公園で、愛犬と一緒にするゴミ拾い活動に参加してくださったのが、わたしとの出会いでした。

ヴィッキーは普通のラブラドールに比べると、色も白っぽく、誰が見ても女の子らしい綺麗《きれい》な犬でした。ヴィッキーは活発な子で、走るのも泳ぐのも大好きでした。一緒に旅行をし、海にも川にも山にも、時には初詣《はつもうで》やお祭りにも一緒に行く子でした。とても利口な犬で、はじめての場所でも、人混みでも飼い主さんを困らせることはなく、すれ違う人々の誰からも「かわい〜」と声をかけられ、触られる犬でした。

浦野さんもとてもかわいがっており、朝起きてから、寝るまでずっと一緒でした。浦野さんを知る誰の目にも、浦野さんとヴィッキーの生活は幸せそうに映っていました。いつも一緒にいるからそうなったのか、ヴィッキー自身の頭が良かったのかは分かりませんが、浦野さんと一緒にいる時のヴィッキーの行動は周囲の人をびっくりさせました。

声さえ届く距離であれば、50メートル先から「オスワリ」と言っても、その場ですぐに座りましたし、「入らないで」と言えば決して花壇には入りませんでした。交差点では必ず一時停止し、右と左を見てから歩き出しました。前から人が来れば、浦野さんがひと言も言わなくても自分から道を空けるように歩いていました。ヴィッキーの行動のひとつひとつは、誰から見ても名犬中の名犬であり、そのヴィッキーを育てた浦野さんは愛犬家中の愛犬家でした。

ヴィッキーはいつも元気でした。とても利口なことをするかと思えば、時には笑わせるようなこともする、愛嬌《あいきょう》のある犬でした。冬には雪山を転がりまわり、勢いあまって数十メートル下まで転がり落ちました。夏には車から降りたとたんに台風で荒れる海につっこんで行きました。滝壺《たきつぼ》で泳いでいて、そのまま激流に流されていったこともありますし、凍った冬の池ではしゃぎすぎて氷を割って落ち、震えながら上がってきたこともありました。

しかし、幸せそうに見える浦野さんには、いつも同じ心配があったそうです。わたしにこっそり、不安な胸のうちを明かしてくれたことがありました。

「こんなに自分といつも一緒で、犬らしく、ひたすら自分を愛してくれているとは感じていますが、ヴィッキー自身が本当に幸せなのかという疑問があります。周囲の人も褒めてくれるし、自分でも上手に育てた自信はあります。しかし、心が本当につながっているかどうかは確かめようもなく、そのことだけがいつも不安なのです」

わたしは言いました。

「ヴィッキーは心配ないですよ。ヴィッキーは浦野さんといることが最高の幸せなんだと思いますよ」

しかし、浦野さんは納得していないようでした。

名犬ヴィッキーも次第に歳を取り、14歳になりました。

庭先での日向《ひなた》ぼっこや、ゆっくりゆっくり歩く散歩が日課になりました。それでも、浦野さんは満足でした。活発な動きはなくなりましたが、浦野さんを見つめる目は昔と変わらないしっかりと愛情に満ちた昔のままの目つきだったからです。

行く場所や遊ぶ時間は変わっても、いつでも2人は一緒でした。しかし、14年たっても、愛犬と心がつながっているのかどうかという浦野さんの不安は消えていませんでした。犬の寿命は人に比べてかなり短く、とりわけ大型犬は10歳を超えれば、いつ命がつきてもおかしくはない歳です。ヴィッキーもすでに14歳。静かに迫ってくる命の終わりを感じれば感じるほど、浦野さんのヴィッキーに対する心配は強くなりました。

「こんなに長い時間をわたしだけとつきあい、一緒にたくさんの思い出をつくり、自分の生き甲斐《がい》にもなり、楽しい時間をくれたことに感謝しています。でも、それで本当にヴィッキーは幸せだったのだろうか。不満は本当になかったのだろうか。わたしをどのくらい信頼してくれていたのだろうか。そう思うといたたまれないのです」

短くなる命を感じれば感じるほど、浦野さんの心配は増していきました。

やがてヴィッキーに、加齢による病魔が迫ってきました。14歳と半年を過ぎた頃に突然、横になったヴィッキーはヒーと軽い悲鳴に近い声をあげました。そんな声は今まで一度も聞いたことがありません。浦野さんはすぐに行きつけの動物病院に駆け込みました。

診断結果は悲しいものでした。背骨に癌が出来たのでした。

「14歳という歳と、出来た場所を考えると手術は難しいですね。あまりに痛いようでしたら、安楽死という手段もありますが……」

獣医さんはすまなそうに言いました。

いつかはそんな日が来ると覚悟はしていたものの、現実にそうなってみると浦野さんには即断できる勇気はありませんでした。

「とりあえず、痛み止めの薬だけでももらえませんか」

そう言うのが精一杯でした。浦野さんはヴィッキーを自宅に連れて帰りました。しかし痛み止めだけでは病の進行を止めることはできません。最初は1日に1回程度の軽い悲鳴でしたが、その間隔は日増しに短くなっていきました。

1ヶ月もすると、ヴィッキーはほぼ寝たきりになり、立つこともつらい様子になりました。食事や水は取るものの、痛みは3時間おきに襲ってくるようになりました。寝ていたかと思うと、突然、背中を弓なりにし、ヒーヒーと泣きます。牙《きば》を天に向かってむきだし、目を見開いて苦しむようになりました。最初の頃に効いていた痛み止めの薬も徐々に効かなくなっていきました。

もう浦野さんに打つ手はなくなりました。頭の中に、安楽死という言葉が浮かんでは消えるようになりました。


ある日、苦しみだしたヴィッキーを浦野さんは思わず抱きしめました。もうそれ以上してあげられることはなかったのです。

「ヴィッキー……」

浦野さんは哀しくて切なくて、ヴィッキーを抱きしめました。

するとと不思議なことが起きたのです。それまで天を仰ぎ、背中を弓ぞりにして苦しんでいたヴィッキーが、次第におとなしくなり、やがて浦野さんの腕の中でスースーと気持ちよさそうに寝息を立て始めたのです。どうしたのか、なにが起きているのかは分かりませんが、あんなに苦しんでいたヴィッキーが数分でおとなしくなったのです。

それ以降、朝でも夜中でも、ヴィッキーが苦しみだすたびに、浦野さんはしっかり抱きしめました。普通は3時間おきでしたが、1時間ごとの日もありました。ヴィッキーのベッドを自分のベッドの横におき、ヒーという声が聞こえれば、すぐに起きて強くしっかり抱きしめました。それ以上に悪くなる様子もありませんでしたが、良くなっている感じもありません。そんな生活が2ヶ月ほど続きました。

そして、ついにその時が来ました。その夜は、珍しく3時間たっても痛がることもなく、浦野さんも今日は体調がいいのかなと思いつつ、ゆっくりベッドに入りました。ヴィッキーは自分の寝床でスースーと心地よい寝息を立てていました。

朝、目を覚ました浦野さんは、珍しく一晩中起こされなかったことに喜びました。きっとヴィッキーの体調が良かったのだろうと考え、よしよしと褒めてあげようと思いました。ベッドの横のヴィッキーを見て、「おはよう！」と声をかけました。

ヴィッキーは昨夜と同じポーズで気持ち良さそうな顔で寝ていました。

しかし、たったひとつ昨夜と違っていることがありました。

それは……息をしていないことでした。

苦しんだ様子もなく、幸せそうな寝顔のまま、静かに眠るような最期でした。


わたしが浦野さんにお会いしたのは、ヴィッキーが亡くなってから1ヶ月ほどあとのことでした。愛犬を亡くした浦野さんの悲しみを想像し、とても声をかけられる状態ではないと思っていました。しかし、浦野さんの表情は、予想以上に明るいものでした。そして、ゆっくりわたしに話してくれたのです。

「不思議なことなんですが……」

浦野さんは切り出しました。

「ヴィッキーはいい子でした。わたしの14年間の幸せな時間はすべてヴィッキーがくれたものでした。わたしはいつも幸せでした。しかし、ヴィッキーはどうだったのか、ずっと子犬の時から気にしていました。わたしのためにだけ生きていて、それで良かったのかどうか、不安だったんです。本当に飼い主はわたしで良かったのか、いつかヴィッキーに聞いてみたいと思っていました。でも、言葉を話せないヴィッキーは答えてはくれませんでした。だから具合が悪くなってからは、余計にそのことばかりが気になっていました。もし、飼い主がわたしでなければ、もっと犬らしく楽しい生活がおくれたのではないか、もしわたし以外の飼い主であったのならもっと長生き出来たのではないかと考える毎日でした」

そこまで話したあと、浦野さんは大きく深呼吸しました。

「夜中にヴィッキーが苦しみだして、薬も効かず、打つ手がなくなったわたしは思わず抱きしめました。すると、それまで苦しんでいたヴィッキーの悲鳴が止まりました。その時に、実感したのです。……つながっている……と。今、この時、わたしの愛情を感じ、わたしの腕の中で痛みを感じなくなり、静かな寝息をたてているヴィッキーを見て、わたしたちの心がつながっていることを実感しました。わたしの飼い方も、暮らし方も、これで良かったんだ、間違ってはいなかったんだと思えるようになりました。死ぬ間際になって実感するのは遅かったのかもしれませんが、今はいい思い出です。一緒に暮らした14年にひとつの後悔もありません。……ヴィッキーの幸せそうな死に顔は今でもわたしに自信を与えてくれています」

そう話す浦野さんの表情には、愛犬をなくした深い悲しみは感じられませんでした。森の中の泉のように、優しく穏やかな表情でした。浦野さんは最後に言いました。

「……今思えば、確かに、わたしたちは、子犬の時からずっとつながっていたんですね」

あとがき

この22年は、わたしにとって発見と感動の日々でした。多くの飼い主さんとその愛犬の暮らしは、それぞれに個性的であり、その暮らしを知ることはとても魅力的でもありました。わたしたち人間は、すべての感情を言葉で表そうとします。しかし、時に言葉は軽薄であり、感情を薄めてしまうこともあります。喋《しゃべ》らないことでより深まる気持ちや、伝わる優しさがあることを犬に教えられました。

本書では、わたしが出会い、感動した数え切れない体験の中のごく一部を紹介させて頂きました。現在、日本には1300万頭の犬がいると言われています。言い換えれば、1300万の感動のエピソードがあるのかもしれません。本になったり、映画になったりするようなものでなくとも、それぞれの家庭で、それぞれの感動があるように思えます。

母親が赤ちゃんを出産する時、自分の子が必ず悪い子になると思って生む親はいません。誰もが、その将来を夢み、きっといい子になると信じて産みます。そして、生まれた子を抱きしめ、乳をあげ、話しかけ、共に喜び、感動しながら育てていきます。

しかし、犬との生活では、最初の一歩から違う道を歩き始めてしまう人が多いのです。飼い主さんの多くは、犬を飼い始める時、誰かに「ちゃんとしつけしないと大変なことになる」とか「放っておけば手に負えなくなる」と教えられます。言われた飼い主さんは、「大変だ、大変だ、このままでは悪い子になる」と思い込みます。

犬は感受性の動物と言われるぐらい、敏感に人の心を感じます。多くの犬は生まれて間もない時に親から離され、人の元に来ます。それなのに、一番最初に出会った一番身近な人が、自分を信じてくれていないとしたらどうでしょうか。きっと悪い子になると思いながら、ご飯をあげ、散歩に行き、抱いているのです。

もし、親が子と心をつなぎたいと思うのであれば、最初にすべきは勉強でもしつけでもなく、お互いの信頼です。「大丈夫。うちの犬になったからには、絶対いい子になるはず」と、信じてあげることが最初の一歩です。

赤ちゃんがはじめて立ち上がったり、はじめて走ったとしたら、親は大喜びします。手をたたいて、より走らせようともしますし、満面の笑みも見せるでしょう。子どもが走ることは、元気で健康な証《あかし》でもあり、悲しむことや心配することはなにひとつありません。

しかし、まだ小さい愛犬が、はじめてのお散歩で走ったとしたら、ほとんどの飼い主さんが「いけない！」とか、「ダメダメ」と叱ります。時には、怖い表情をして止めさせようとします。心のどこかで「悪い子になるかも」「このままではわたしたちを引きずり倒しかねない」と心配してしまう結果なのです。

子どもが元気なのは当たり前で、むしろ良いことなのですが、人と犬ではまったく逆の対応をしてしまうのです。この時、子犬は最愛の飼い主さんに信じてもらえていないと感じてしまいます。これから長い時間を共に過ごすのであれば、まずは信じることから始めるべきなのです。

数年前から、知り合いの飼い主さんにお願いして、実験してもらったことがあります。子犬の最初の散歩の時に、子犬が走ったら、決して叱らずに、出来る限り笑顔で一緒に走ってもらいます。子犬は元気です。飼い主さんには、出来る限り子犬と共に自分の息が上がるまで走り続けてもらいました。そして苦しくなり、走れなくなったら、その場にしゃがみ込んでもらうようにしました。

すると90%以上の子犬が立ち止まり、苦しそうにしている飼い主さんの元に心配そうな顔で戻ってきてくれることが分かったのです。そして、戻ってきてくれた子犬をその都度、「ありがとう」と言って、優しく褒めてもらうようにしました。その結果、子犬は元気に走り回りはするものの、飼い主さんを引きずり倒すほど引っ張ることは少なくなることが分かりました。

「イケナイ、イケナイ」と叱り続けても、なかなか引き癖が直らないと嘆く方はたくさんいます。しかし、なにひとつ教えていないのに、自然と人を引っ張らなくなる方法もあるのです。このふたつの結果の違いは、子犬を信じてあげているか、信じていないかの差なのです。愛犬の健康と元気さを素直に喜び、なるべく走らせてあげようと飼い主さんが思いやれば、子犬も走れなくなった飼い主の元へ戻る思いやりをもつようになるのです。

信じてあげることが、お互いの思いやりの気持ちを育てていくのです。思いやることの素晴らしさ、信じられている快適さを知った犬は、それ以上、飼い主さんを困らせることはしないようにと考えます。時に、子犬らしく羽目をはずしたとしても、気がつけば必ず飼い主さんの期待に応《こた》えようとするのです。

初めての交流会から長い月日が経ちました。あっという間の22年でした。1人でも多くの飼い主さんに愛犬との幸せな日を過ごして欲しいと願い、日本中を旅しました。各地の教室や相談会で、いろいろな困り事を受け、その都度直してきました。いつの間にかたくさんの人が交流会を訪れるようになり、「訓練」や「調教」ではなく、「暮らし方」や「心のつなぎ方」を学んでくれるようになりました。

愛犬をよく観察し、愛犬がなにを悩んでいるのか、なにを伝えたがっているのかを知るだけで、問題が解決することはたくさんあります。愛犬の心さえ分かるようになれば、長い間悩み続けた問題行動も、ほんの数日、場合によってはほんの数分で解決することもあるのです。

褒められたいと思っている犬もいれば、叱られたいと願っている犬もいます。愛情の形はひとつではありません。浅い愛情もあれば、深い愛情もあります。どんなに犬が好きで、可愛く思っていても、どこまで守ってあげるのか、どこまで育ててあげるのかは人によって違います。

浅い愛情しか持てない人は、褒めたり、抱いたり、撫《な》でたり、オヤツをあげたりは出来ます。嫌われたくないと思う心は、時に優しい行動ばかりをしたがります。しかし、本当にその子の将来を思い、育てようと思えば、時にはしっかりと叱る必要もあるのです。

子どもがどんなに嫌がったとしても、我が子のお風呂《ふろ》や爪切りや耳掃除を他人に任せたりするでしょうか。子どもがお酒やタバコをどんなに欲しがったとしても、体に悪いと分かっているものを与えるでしょうか。

愛犬を我が子と思うだけで、自然と接し方は変わります。飼い主さんは親として我が子を信じ、時に叱り、時に褒め、共に喜び、共に悲しみながら育てていけばいいのです。

「愛犬は家族の一員」と言う人が増えました。車の座席にちょこんと乗って、一緒に旅行に出かける犬も増えました。しかし、意外にも家族であるはずの愛犬のことを、もっと詳しく知ろうとしない飼い主さんが多いことも事実です。朝、家から出る時に、右足から出るのか左足から出るのか。寝るときには、右か左、どちらを下にして寝ているのか。寝返りは一晩に何回ぐらいするのか。どうでもいいことのようにも思えますが、普通の子どもの親であれば知っていて当然のことを知らない飼い主さんが意外に多いのです。

もし、愛犬を真の家族と呼ぶのであれば、我が子同様、その個性や癖をつぶさに知っていて普通だと思うのです。人間ではない動物と心を通わせたいと願うのであれば、まずは理解することからはじめなければなりません。理解するためには、観察しなければなりません。「犬って、どんな動物？」「今、なにを考えているの？」とつねに考えてください。

犬と暮らすことに必要なのは技術ではありません。豊かな感受性と高度な頭脳を持つ犬は、愛情に対しては非常にどん欲であり、敏感でもある動物です。言葉こそ喋《しゃべ》れなくても、豊かな感受性を駆使して、わたしたちの心の奥深くを読み取ってしまいます。飼い主さんが愛犬を、本当に心がつながっているいい子にしたいと思うのであれば、自分自身にも真の愛情や、真の優しさが必要になってくるのです。

わたしの願いは犬の幸せだけではありません。犬を育てることで、実はわたしたち人間が育っていくのです。深い真の愛情や、許す心や分かろうとする心が芽生えます。言葉を発しない犬の心を感じ、理解しようとする人であれば、まだ上手に会話ができない幼子の心も理解できるはずです。昔のことしか分からない老人の言葉にも耳を傾けることが出来るはずなのです。

わたしたちは、犬を通じて、優しく、寛大な、思いやりある心を持てるのです。そして、理解しあおうとする人や、思いやりのある人が増えれば、町も国も、もっと愛に満ちて優しい素敵なところになると思うのです。

犬を飼っている方、犬を飼いたいと思っている方は、ぜひ、真剣に愛し、真剣に育ててください。苦労するかもしれません。悩む日もあると思います。しかし、真剣に愛し、真剣に悩んだ人は、いつか自分が、心優しい人間になっていることに気づきます。いつの間にか、健康になり、日々の暮らしに笑顔と話題が増え、友達も増えています。

幸せは、犬から与えられるものではなく、自分の中にあるものなのです。自分の中にある、真の強さ、真の優しさ、真の愛情を引き出してくれる動物、それが犬なのかもしれません。

最後に、本書の出版にあたり、角川書店に引き合わせてくださった(有)ＴＭＪの上田卓さんと田中俊彦さん、つたないわたしの文章に真剣に取り組んでいただき、時に貴重なアドバイスをしていただいた角川書店の亀井史夫さんに改めて御礼申し上げます。そして、この22年にわたり、わたしを支え、励ましていただいた多くの愛犬家の皆様に感謝申し上げます。ありがとうございました。

三浦健太

犬と三浦さんとわたし

柴田理恵《しばたりえ》

わたしが三浦健太《みうらけんた》さんに出会ったのは、ある新聞社主催のペットとのかかわりについて考えるシンポジウムでした。かわいくて飼ったはずのペットを人間の事情で飼えなくなったから、あるいはしつけがうまくいかないから、あるいは飽きたからなどという理由で、簡単に保健所に持ち込んだり捨てたりする人が多く、その結果殺処分される犬や猫が何万匹もいるというこの現状をどうしていけばよいのか、という内容でした。そこではじめて、保護犬を譲渡したり、ペットのしつけを教えたり、愛犬家のマナーを啓発したりする活動をなさっている方々がいらっしゃるのを知りました。その1人が三浦さんでした。

このイベントがご縁で、度々三浦さんと連絡を取るようになりました。わたしも仕事のロケ先で捨てられていた足の不自由な犬を飼い始めていたこともあって（晴太郎《はるたろう》・雑種・現在9歳8か月）、いろいろ相談したいこともありましたし、三浦さんの活動に感動と興味を覚えたからです。

三浦さんは、まるで人と話をするように、犬に対しても丁寧に語りかけます。ちょうどこの本に出てくるゴールデンレトリバーに話して聞かせるおじいさんみたいです（「第2話　おじいさんの犬」）。

三浦さんはいつも言います。

「犬はきちんと話せばちゃんと分かってくれます。だからこっちも犬の気持ちをきちんと分かってやらなくてはいけない。一方通行の、命令する・従うという関係じゃなくて、お互いにこうしたい・ああしたいと話し合うんです。晴太郎君はちゃんと自己主張していますか？　柴田さんはきちんと晴太郎君のことを分かろうとしていますか？　晴太郎君は柴田さんの言うことを分かってくれますか？」

２０１１年の東日本大震災では、人だけではなく多くのペットたちも住む家をなくし、最愛の家族と離ればなれになりました。三浦さんは被災した犬たちを保護したり、犬たちの心と体をケアしたり、新しい飼い主さんを探したりと、まさに休む間もなく走り回っておられました。

そんな中、三浦さんは福島で、ある1頭のワンちゃんを保護しました。おそらく飼い主さんと離ればなれになってから寂しく不安な日々を送っていたのでしょう、そのワンちゃんは、近づくと牙《きば》をむき咬《か》みつこうとして人をよせつけません。これでは新しい飼い主さんを探してあげることもできないと思った三浦さんの行動は、まさに荒技でした。

威嚇して唸《うな》り声をあげる犬に向かって「いい子だ、いい子だ。よーし、いい子だ、大丈夫だよ」と声をかけ、ちょっとずつ近づき、犬がどんなに牙をむこうとも、態度を変えず、抱きしめ、おなかをさすり、なんとそれを4時間にわたって続けたのです。わたしは後にこの時のビデオを見せていただいたのですが、三浦さんの根気強さと情熱にただただ舌を巻くばかりでした。

結果、犬は三浦さんにおなかを見せて甘えるようになり、その後は人に対して威嚇したり咬みつこうとはしなくなって、今では新しい飼い主さんのもとで幸せに暮らしているそうです（※この話は、２０１４年に刊行された三浦さんの単行本『犬のおもいで　犬のカウンセラーが出会った7つの感動実話』に収録されている「第2話　被災地の犬　ユリ」のベースとなっています）。

いったい、三浦さんのあの熱い愛情はどこからくるのでしょう。

飼い始めたワンちゃんがやんちゃで手におえないという方に三浦さんを紹介したこともあります。そのご家庭は以前にも同じ犬種の犬を飼っていたのですが、前の子と新しい子の性格の違いに戸惑っておられるようでした。三浦さんがおっしゃるにはこういうケースはよくあることで、前のワンちゃんがいい子だとどうしても二代目と比較してしまうらしいのです。その飼い主さんも二代目がいたずらする度に「もう！前の子はこんなことしなかったのに！　なんであなたはそうなの！」と怒っていたそうです。

でも犬は反省するどころかますます反抗的になり、自己主張するかのようにいたずらを繰り返していました。きっと、その子には誰かと比べられていることが分かっていたのではないかと思います。大好きな飼い主さんが、自分ではなく自分を通して前の犬の幻を追いかけているとしたら、つらいですよね。

もちろんこのワンちゃんも三浦さんによって一日でいい子になりましたが、犬を飼うって、ただかわいいとか癒やされるからとか、そういう生半可な気持ちで飼っちゃいけないんだなと思いました。犬は「飼う」じゃなくて「育てる」。自分の子を育てるのと同じ覚悟がいる、と言ったら大げさかもしれませんが、そんな風に思います。

三浦さんはいろんな方の犬のしつけ相談に乗りますが、犬のしつけは、まず飼い主さんの教育からだそうです。服従させるために犬を怒鳴ったり叩《たた》いたり、それは絶対してはいけないことで、力で押さえつけるのではなく、こちらが優位に立ちながらパートナーとしての関係を作り上げるのが大事なんだそうです。言葉だけでなくスキンシップも大切なことで、なでたり抱きしめたり、体中触らせるようにすることは犬の健康管理にもいいのだと言っておられました。

「犬にもそれぞれ個性があり、好みがあり、習慣があり、そしてそれぞれに大切にしている何かがあって、それを分かってやらなければ本当の信頼関係は生まれない」

三浦さんはこの信念で、一匹一匹誠実に丁寧に向き合われているのです。

わたしは2005年に晴太郎と出会いました。子供のころから犬は大好きでしたが、時間が不規則な仕事を持つわたしは、犬を飼うことなど思ってもみませんでした。しかし晴太郎との出会いは、まさに運命的だったと思います。地方の畑のゴミ捨て場で、木箱に閉じ込められて必死で鳴いていた晴太郎。あの日あの時あの場所に行かなかったら、わたしは晴太郎に出会えていませんでした。もう10分遅かったら晴太郎はもう鳴くこともできず死んでいたと、後でお医者さんに聞きました。

晴太郎がわたしたちにどれほどの幸せと大きな愛をくれたか。出会ってくれてありがとう、うちに来てくれて本当にありがとう、という気持ちが自然とわいてきます。

晴太郎もそろそろ10歳。今ではうちの王子様です。といっても人間の歳でいうと70歳くらいですから立派なオヤジです。生まれつき3本足なので、近ごろは立ったり座ったりもたいへん、動くたびに自然とオヤジくさい声が出てしまいます。

朝はわたしのマッサージから始まります。人間もそうですが、寝ている間に体が固くなるので、血行を良くするために全身をマッサージするのです。特に2本の前足と硬直しやすい後ろ足は念入りに。これが日課になっていて、朝起きると「早くやれ」という顔でこっちを見てきます。「あんたよりわたしの方が腰痛いんだぞ、たまにはわたしにもしてよ」と愚痴りながら、それでも毎朝マッサージするのです（笑）。

王子は、マネージャーがわたしを迎えに来ると急に不機嫌になります。きっとマネージャーは、わたしを連れて行く人だと思っているのでしょう。それでも一応はお愛想で、寝たまま尻尾《しっぽ》で床をペタンペタンと叩きますが（笑）。

泊りの仕事の時はもっと大変です、スーツケースを見たとたんに王子はイヤーな顔をしてそっぽを向きます。もうその時は誰が何を言おうと無視です。犬はいやなことは「忘れたい！」と思うのか、目をつむってなかったことにしてしまうみたいです。

愛犬・晴太郎と

晴太郎は、子供のころから社交的で優しく、本当に育てやすい子でした。きっと、わたしが引き取るまで、病院で世話をしてくださった看護師さんや先生のおかげだと思っています。

忘れもしません。歩くことのできなかった晴太郎が、手術の後、はじめて歩いた時のこと。「晴太郎、晴太郎、こっちだよ、がんばって！いい子だね！」という看護師さんの声に励まされ、必死で、だけどうれしそうに歩く晴太郎。その動画を後でいただいて見て、感動で涙が出ました。本当に晴太郎は周りの方の深い愛情に包まれて生きてこられたのだなと思います。

犬が生きていくのはこの人間社会の中です。犬が好きな人も嫌いな人も、両方いるこの人間社会の中で、犬たちが幸せに生きていくためには、この社会のルールを飼い主さんが教えてあげなくてはいけません。トイレのルール、道を渡るときのルール、人と接するときのルール、よそのワンちゃんに対するルール、様々なルールを守りながら、周りの人に好かれて、犬たちがいかにのびのびと個性豊かに暮らしていけるか、そこはわたしたち飼い主の愛情と、良識と、社会性にかかっているのではないかと思います。

（構成・鈴木音々）

イラスト／こころ美保子
協力／TMJ

本書は二〇一一年六月小社刊行の単行本に
加筆し、文庫化したものです。

犬《いぬ》のこころ

犬《いぬ》のカウンセラーが出会《であ》った11の感動実話《かんどうじつわ》

三浦健太《みうらけんた》

平成27年 2月25日　初版発行
令和6年 9月20日　5版発行

発行者●山下直久

発行●株式会社KADOKAWA
〒102-8177　東京都千代田区富士見2-13-3
電話　0570-002-301(ナビダイヤル)

角川文庫 19030

印刷所●株式会社KADOKAWA
製本所●株式会社KADOKAWA

表紙画●和田三造

ISBN978-4-04-102706-6　C0195

角川文庫発刊に際して

角川源義

第二次世界大戦の敗北は、軍事力の敗北であった以上に、私たちの若い文化力の敗退であった。私たちの文化が戦争に対して如何に無力であり、単なるあだ花に過ぎなかったかを、私たちは身を以て体験し痛感した。西洋近代文化の摂取にとって、明治以後八十年の歳月は決して短かすぎたとは言えない。にもかかわらず、近代文化の伝統を確立し、自由な批判と柔軟な良識に富む文化層として自らを形成することに私たちは失敗して来た。そしてこれは、各層への文化の普及滲透を任務とする出版人の責任でもあった。

一九四五年以来、私たちは再び振出しに戻り、第一歩から踏み出すことを余儀なくされた。これは大きな不幸ではあるが、反面、これまでの混沌・未熟・歪曲の中にあった我が国の文化に秩序と確たる基礎を齎らすためには絶好の機会でもある。角川書店は、このような祖国の文化的危機にあたり、微力をも顧みず再建の礎石たるべき抱負と決意とをもって出発したが、ここに創立以来の念願を果すべく角川文庫を発刊する。これまで刊行されたあらゆる全集叢書文庫類の長所と短所とを検討し、古今東西の不朽の典籍を、良心的編集のもとに、廉価に、そして書架にふさわしい美本として、多くのひとびとに提供しようとする。しかし私たちは徒らに百科全書的な知識のジレッタントを作ることを目的とせず、あくまで祖国の文化に秩序と再建への道を示し、この文庫を角川書店の栄ある事業として、今後永久に継続発展せしめ、学芸と教養との殿堂として大成せんことを期したい。多くの読書子の愛情ある忠言と支持とによって、この希望と抱負とを完遂せしめられんことを願う。

一九四九年五月三日